"中国好设计"丛书得到中国工程院重大咨询项目
"创新设计发展战略研究"支持

中国好设计 丛书

"中国好设计"丛书编委会 主编

技术推动创新设计案例研究

韩 挺 董占勋 编著

中国科学技术出版社

·北 京·

图书在版编目（CIP）数据

中国好设计：技术推动创新设计案例研究 / 韩挺，
董占勋编著 . —北京：中国科学技术出版社，2016.6
（中国好设计）
ISBN 978-7-5046-6861-5

Ⅰ.①中⋯ Ⅱ.①韩⋯ ②董⋯ Ⅲ.①工业产品 – 产
品设计 – 案例 Ⅳ.① TB472

中国版本图书馆 CIP 数据核字（2016）第 005930 号

策划编辑	吕建华　赵　晖　高立波
责任编辑	高立波　赵　佳
封面设计	天津大学工业设计创新中心
版式设计	中文天地
责任校对	何士如
责任印制	张建农

出　　版	中国科学技术出版社
发　　行	中国科学技术出版社发行部
地　　址	北京市海淀区中关村南大街16号
邮　　编	100081
发行电话	010-62103130
传　　真	010-62179148
网　　址	http://www.cspbooks.com.cn

开　　本	787mm×1092mm　1/16
字　　数	150千字
印　　张	8.75
版　　次	2016 年6月第1版
印　　次	2016 年6月第1次印刷
印　　刷	北京市凯鑫彩色印刷有限公司
书　　号	ISBN 978-7-5046-6861-5 / TB·97
定　　价	56.00元

"中国好设计"丛书编委会

总　序

　　自 2013 年 8 月中国工程院重大咨询项目"创新设计发展战略研究"启动以来，项目组开展了广泛深入的调查研究。在近 20 位院士、100 多位专家共同努力下，咨询项目取得了积极进展，研究成果已引起政府的高度重视和企业与社会的广泛关注。"提高创新设计能力"已经被作为提高我国制造业创新能力的重要举措列入《中国制造 2025》。

　　当前，我国经济已经进入由要素驱动向创新驱动转变，由注重增长速度向注重发展质量和效益转变的新常态。"十三五"是我国实施创新驱动发展战略，推动产业转型升级，打造经济升级版的关键时期。我国虽已成为全球第一制造大国，但企业设计创新能力依然薄弱，缺少自主创新的基础核心技术和重大系统集成创新，严重制约着我国制造业转型升级、由大变强。

　　项目组研究认为，大力发展以绿色低碳、网络智能、超常融合、共创分享为特征的创新设计，将全面提升中国制造和经济发展的国际竞争力和可持续发展能力，提升中国制造在全球价值链的分工地位，将有力推动中国制造向中国创造转变、中国速度向中国质量转变、中国产品向中国品牌转变。政产学研、媒用金等社会各个方面，都要充分认知、不断深化、高度重视创新设计的价值和时代特征，共同努力提升创新设计能力、培育创新设计文化、培养凝聚创新设计人才。

好的设计可以为企业赢得竞争优势，创造经济、社会、生态、文化和品牌价值，创造新的市场、新的业态，改变产业与市场格局。"中国好设计"丛书作为"创新设计发展战略研究"项目的成果之一，旨在通过选编具有"创新设计"趋势和特征的典型案例，展示创新设计在产品创意创造、工艺技术创新、管理服务创新以及经营业态创新等方面的价值实现，为政府、行业和企业提供启迪和示范，为促进政产学研、媒用金协力推动提升创新设计能力，促进创新驱动发展，实现产业转型升级，推进大众创业、万众创新发挥积极作用。希望越来越多的专家学者和业界人士致力于创新设计的研究探索，致力于在更广泛的领域中实践、支持和投身创新设计，共同谱写中国设计、中国创造的新篇章！是为序。

2015 年 7 月 28 日

读者导读

技术 - 案例表格

我们制作了一个技术 - 案例表格，将本书所涉及的案例与技术一一对应，方便读者从宏观上概览本书的主要内容，同时也做检索之用。

创新设计技术多维立方集

创新设计技术多维立方集用于展示创新技术与设计的关系，本书的每一个案例也在立方集中有一个对应的位置，帮助读者迅速了解案例意义。

技术图标

我们为每一项技术都设计了图形化图标，帮助读者形象化记忆。每个技术图标会出现在第六章案例关键技术介绍侧边。读者可以根据图标找到相应的技术介绍，进行进一步阅读。

目录
CONTENTS

CHAPTER ONE | 第一章
绪论

1.1 世界发生了变化

制造大国

至 2013 年，中国制造已占全球制造的 20% 以上，中国制造不仅为 13 亿中国人民，也为全世界提供了物美价廉的产品，中国已成为举世公认的制造大国。嫦娥奔月、蛟龙深潜、航母入列、高铁成网、大运升空、超超高压直流输电投运等，标志着在部分领域，中国重大工程装备系统集成创新和设计制造能力已居国际前列。然而，中国要真正跨入先进制造领域，仍任重道远。我国技术创新能力仍相对薄弱，很多领域没有掌握核心技术，自主创新设计的产品占比较低，产品附加值和人均生产率低，多数中国制造企业仍以 OEM（定点生产，俗称代工）和跟踪模仿为主，处于全球制造产业的中低端。高端数控机床、集成电路、民航客机、航空发动机、科学与医疗仪器等仍严重依赖进口。中国自主设计创造并引领世界的重要产品、制造装备、经营服务模式比较少；自主创新设计创造国际著名品牌，成为享誉国际的著名企业比较少。我国还不是设计强国。

> 我国是制造大国，要想在全球化竞争中赢得优势，关键是要提升企业自主创新设计与研发能力。

经过 30 多年的高速发展，我国此前依靠资源投入驱动的传统增长模式已难以为继。只有依靠科技创新，才能推动产业向价值链中高端跃进，赋予我国更加广阔的发展空间；只有依靠创新驱动，我国才能有效克服资源环境制约，完成经济结构的调整和发展方式的转变。

经济全球化

20 世纪 80 年代特别是进入 90 年代，世界经济全球化的进程大大加快了。经济全球化，有利于资源和生产要素在全球的合理配置，有利于资本和产品的全球性流动，有利于科技在全球的扩张，有利于促进不发达地区经济的发展，是世界经济发展的必然结果。但它对每个国家来说，都是一把"双刃剑"，既是机遇，也是挑战。特别是对经济实力薄弱和科学技术比较落后的发展中国家，面对全球性的激烈竞争，所遇到的风险、挑战将更加严峻。

经济全球化，有利于我国吸引和利用外资，引进世界先进管理理论和经验并实现管理的创新；有利于加速我国工业化进程，提升产业结构；有利于深入地参与国际分工，发挥我国现实和潜在的比较优势，拓展海外市场。基于制造大国的优势，经济全球化为我国企业提供了在更广泛的领域内积极参与国际竞争的机会，通过发挥比较优势实现资源配置效率的提高，提高本土企业的竞争力。

知识的价值

当前，全球经济正处在从以原材料和能源消耗为基础的"工业经济"向以信息和知识为基础的"知识经济"转变的重要历史时期。在知识经济时代科学技术的快速发展下，如何实施创新设计以尽快地推出新产品来满足不断变化的市场成为提高竞争力的关键要素。创新设计每一步都贯穿着设计经验、原理、规范和规则等知识的应用，是一个知识密集型的过程，需要在以往知识的积累上进行。

我国在创新设计中存在的问题包括：

1 创新是一个系统工程，涉及管理、技术等，而目前我国的创新设计缺乏系统性；

2 缺少对于大型复杂装备产品创新设计所需的完整的技术体系和知识体系；

3 我国过去更多的是引进技术，缺少对于知识的获取和积累；

4 研究人员缺少对于知识的共享。

从国内看，创新驱动是形势所迫，创新驱动需要起始于设计创新。创新设计的过程是一种系统工程，包括产品从概念设计到市场售后乃至废弃处理的全生命周期中各种技术方法的采纳及实施过程，也包括全产业链的资源配置方法。本文后续章节中的案例以创新设计共性、关键技术推动原始创意、技艺和方法创新，形成原创突破，结合产品质量、性能、成本、美学、人机工程等各因素，形成独特的设计风格和竞争力，研发具有自主知识产权的产品，实现产业化，体现市场价值，在全球化国际市场竞争中占有一席之地。

创新设计首先需要一个很好的知识网络架构，然后需要一种很好的机制让众人把自己的知识传授给系统，并建立起知识间的体系，这样就能开展创新设计。因此，要实施创新设计的发展战略的重要工作是建立知识网络，梳理现有的知识，建立知识体系。

信息物理
融合系统

信息物理融合系统（Cyber-Physical System，CPS）连接计算机虚拟世界与物理现实世界，把计算与物理世界整合到一起，并通过多种形式能与人类进行交互的新一代系统。CPS 已成为国内外学术界和科技界研究开发的重要方向，开展 CPS 研究与应用对于加快我国培育推进工业化与信息化融合具有重要意义。CPS 将计算和网络融入物理系统当中，要求信息系统根据物理系统的特点与之进行特定频率的交互，并且在各个分布的物理系统节点之间进行数据交换，将 3C（Computing、Communication、Control）三者进行有机的融合与深度协作，从而达到对大型物理系统与信息系统的实时感知、动态控制和信息服务等。

1.2 创新设计的价值

价值创造
模式的转变

价值创造始终是企业设定经营目标和自身战略定位的主要核心内容。然而，在不同的时期，由于时代背景、产业发展状况、社会环境、市场及消费者需求、技术发展状况的不同，企业在定义自身价值创造时所需要考虑的要素都是有差异性的。对应不同的经济时代，人们对于自身价值的追求目标是不同的，且其载体也是差异化的。因此，企业所要提供的满足消费者的价值也是不同的，且其提供的方式也是差异化的。就价值创造的模式而言，根据现有研究成果，也同样的根据经济时代划分成四个阶段：价值点、价值链、价值网络、价值星群[1]。

创新设计
的价值构成

知识网络经济下的价值形态

在不同的经济时代背景之下，个人对于价值的需求与评判是不同的，相应地直接影响了企业的价值主张及其核心活动。在工业经济时代，个人关注的是产品使用功能的取得与满足，而企业的核心活动就在于创造出能够满足需求的产品功能。在体验经济时代，消费者需要的是能够对应其生活方式的产品与服务。因此，企业的价值主张转变为以产品和服务为核心内容的品牌塑造。参与供应链各个环节的企业密切协作，形成一个有形的价值链体系。而这两个经济时代都属于市场经济的范畴，即设计 2.0 的产生与发展背景。

随着互联网和大数据的出现与发展，未来我们将进入知识经济时代。在这一时代中，用户个体更关注的是通过这些网络新技术的应用能够为他们创造参与创新的机会。因此，

---

[1] Reon, Brand, Simona Rocchi. Rethinking value in a changing landscape-A model for strategic reflection and business transformation. A philips design paper, 2011.

企业也将越来越关注如何与供应商、顾客等形成合作伙伴关系共同创新。在这一时期，价值的表现形态将不再是线状的价值链，而是共享的价值平台。随着知识经济的不断发展，我们相信未来会进入到转移经济时代。在这一时期，我们将不再关注基于网络新技术的创新与运用发展，而是更加关注在这一成熟的技术平台支撑下如何能够创造更有意义的生活内涵。这将可能是知识网络经济发展的未来方向（图1-1）。对于设计的需求是不同的，设计的角色、功能以及设计的专业领域划分也有着显著的差异（表1-1）[1]。

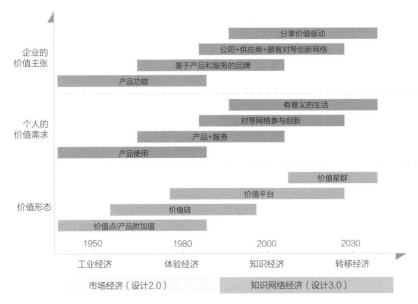

图1-1 转变的时代与价值形态

创新设计产业，正成为知识网络经济时代制造工程先导的关键环节，未来设计与制造将在知识网络经济的背景下重新融合，制造者、用户、营销商等各方都共同参与设计。在知识经济和互联网时代，创新设计已比过去更走向社会文化和产业链的前端，有的时候还在创造引领新的市场和社会需求。今后设计产业将是一个"大设计"的概念，依托网络和知识信息大数据，形成网络智能的制造服务方式，设计与制造重新融合，制造者、用户、营销商、运行服务者和各种领域的第三方，将共同参与到"大设计平台"，建立协同设计的能力，完善共享的环境。

---

[1] Den Ouden, Elke. Innovation design: Creating value for people, organizations and society. Springer Science & Business Media, 2011.

表 1-1	不同经济时代的设计背景和内容			
背景				
经济时代	产业经济	体验经济	知识经济	转移经济
技术进步	大批量制造	系统集成	互联网/云数据/3D打印	
市场状况	供不应求	供大于求	线上线下市场整合	国际化
价值内涵				
价值形态	价值点	价值链	价值平台	价值星群
个人的价值需求	产品	产品+服务	参与创新	有意义的生活
企业的价值主张	产品功能	基于产品和服务的品牌	开放创新的平台	分享价值驱动
企业经营				
企业的竞争点	产品功能、质量	服务体验	数据库	提供有意义的生活
企业与消费者的关系	企业为消费者制造	企业为消费者设计	企业与消费者共同设计	消费者为设计师
企业与消费者关系内容	产品满足基本功能	满足不同生活方式的体验	参与式设计、定制设计	追求共同的社会价值
设计职能				
设计关注点	产品	用户及品牌	企业和其合作者	社会
设计师角色	基于功能造型设计	差异化造型设计	系统内外的沟通者	系统的创造者
设计师的知识	产品结构、工程	设计研究、消费者研究	交互设计、信息设计	战略及系统思维

面向知识网络经济的价值结构

在不同的经济时代，因为不同的个人价值需求会导致企业不同的价值主张，从而使价值形态呈现不同的状态。面对正在进入的知识网络经济时代，我们必须明确其完整的价值结构。而这些构成价值的视角、层面和元素也正是创新设计的价值构成点。综合而言，面对知识网络经济的创新设计的价值构成可以由图1-2的4个层面（用户、企业、生态及产业、社会及国家）和4个视角（商业经济、文化艺术、社会公共和生态环境）所构成的16个要素来考虑。

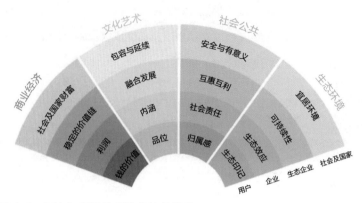

图 1-2　面向知识网络经济的价值结构

通过已知的经济时代和价值形态对应关系，可以以面向知识网络经济的价值结构图作为一个完整的价值布局图去进一步分析之前工业经济时代内不同时期的价值诉求重点（图 1-3）。如工业经济时代的价值诉求重点为对用户而言的钱的价值以及对企业而言的利润，而在体验经济时代，用户有了品位诉求，企业则有了内涵诉求。到了知识经济时代，生态产业的价值诉求得到了体现，转移经济时代更是体现了社会国家层面的价值诉求。

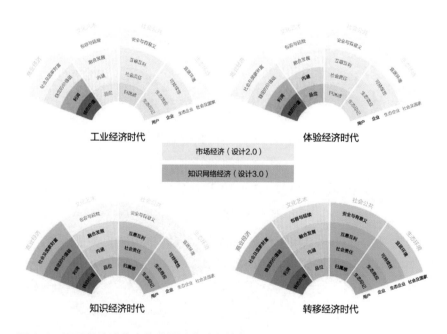

图 1-3　不同经济时代中的价值诉求重点转变

1.3 创新设计（设计 3.0）

技术推动
的创新设计

21 世纪，我们生活在一个由创新驱动的经济社会中，创造新的财富和实现经济繁荣依赖于新思维、新方法、新技术的发现、发明和开发。智能手机、互联网、微芯片、大规模建模计算能力、GPS 等技术成为新时代技术发展的特征。1942 年约瑟夫·阿洛伊斯·顺彼得在《资本主义、社会主义和民主》一书中说："每 50 年，技术革命就会破坏和分解当时的旧系统，扫除老的工业，并为新工业创造空间。"每个新兴的技术都会点燃新的投资并提供新的工作机会。

技术推动的创新设计曲线包括新技术产生、产业化应用缓慢、技术顿悟带来颠覆性创新及技术成熟普及四个阶段（图 1-4）。本书持续关注颠覆式创新技术，关注有可能产生颠覆性创新的技术顿悟。

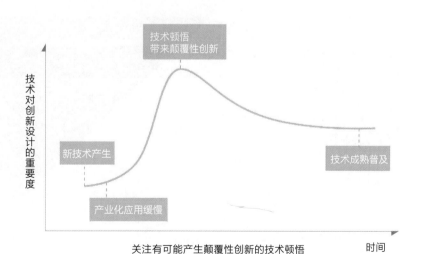

图 1-4　技术推动的创新设计曲线

麦肯锡于 2013 年发布了一项报告，研究了技术对未来经济影响程度。研究的对象是一些正在取得飞速发展、具有宽泛影响，且对经济影响显著的技术。图 1-5 列举了这 12 大决定未来经济的颠覆技术。其对 2025 年的影响力分别见表 1-2。

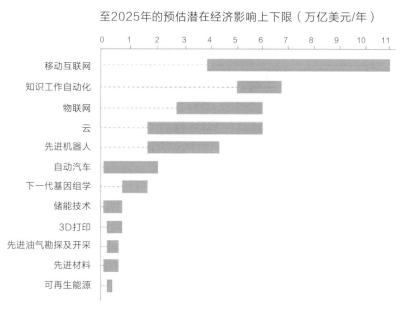

图 1-5　12 大决定未来经济的颠覆技术

表 1-2	麦肯锡列举的 12 项技术对 2025 年的影响力		
技术名称	对经济、生活的影响	主要技术	关键应用
移动互联网：价格不断下降、能力不断增强的移动计算设备和互联网连接	经济：3.7 万亿～10.8 万亿美元 生活：远程健康监视可令治疗成本下降 20%	无线技术，小型、低成本计算及存储设备，先进显示技术，自然人机接口，先进、廉价的电池	服务交付，员工生产力提升，移动互联网设备使用带来的额外消费者盈余
知识工作自动化：可执行知识工作任务的智能软件系统	经济：5.2 万亿～6.7 万亿美元 生活：相当于增加 1.1 亿～1.4 亿全职劳动力	人工智能，机器学习，自然人机接口，大数据	教育行业的智能学习，医疗保健的诊断与药物发现，法律领域的合同 / 专利查找发现，金融领域的投资与会计

技术名称	对经济、生活的影响	主要技术	关键应用
物联网：用于数据采集、监控、决策制定及流程优化的廉价传感器网络	经济：2.7 万亿 ~6.2 万亿美元 生活：对制造、医保、采矿运营成本的节省最高可达 36 万亿美元	先进、低价的传感器，无线及近场通信设备（如 RFID），先进显示技术，自然人机接口，先进、廉价的电池	流程优化（尤其在制造业与物流业），自然资源的有效利用（智能水表、智能电表），远程医疗服务、传感器增强型商业模式
云：利用计算机软硬件资源通过互联网或网络提供服务	经济：1.7 万亿 ~6.2 万亿美元 生活：可令生产力提高 15%~20%	云管理软件（如虚拟化、计量装置），数据中心硬件，高速网络，软件/平台即服务（SaaS、PaaS）	基于云的互联网应用及服务交付，企业 IT 生产力
先进机器人：具备增强传感器、机敏性与智能的机器人；用于自动执行任务	经济：1.7 万亿 ~4.5 万亿美元 生活：可改善 5000 万截肢及行动不便者的生活	无线技术，人工智能/计算机视觉，先进机器人机敏性、传感器，分布式机器人，机器人式外骨骼	产业/制造机器人，服务性机器人（食物准备、清洁、维护），机器人调查，人类机能增进，个人及家庭机器人（清洁、草坪护理）
自动汽车：在许多情况下可自动或半自动导航及行驶的汽车	经济：0.2 万亿 ~1.9 万亿美元 生活：每年可挽回 3 万 ~15 万个生命	人工智能，计算机视觉，先进传感器（如雷达、激光雷达），GPS，机器对机器的通信	自动汽车及货车
下一代基因组：快速低成本的基因组排序，先进的分析，合成生物学（如"写"DNA）	经济：0.7 万亿 ~1.6 万亿美元 生活：通过快速疾病诊断、新药物等延长及改善 75% 的生命	先进 DNA 序列技术，DNA 综合技术，大数据及先进分析	疾病治疗，农业，高价值物质的生产
储能技术：存储能量供今后使用的设备或物理系统	经济：0.1 万亿 ~0.6 万亿美元 生活：到 2025 年 40%~100% 的新汽车是电动或混合动力的	电池技术：锂电，燃料电池 机械技术：液压泵、燃气增压，先进材料，纳米材料	电动车、混合动力车分布式能源，公用规模级蓄电
3D 打印：利用数字化模型将材料一层层打印出来创建物体的累积制造技术	经济：0.2 万亿 ~0.6 万亿美元 生活：打印的产品可节省成本 35%~60%，同时可实现高度的定制化	选择性激光烧结，熔融沉积造型，立体平版印刷，直接金属激光烧结	消费者使用的 3D 打印机，直接产品制造，工具及模具制造，组织器官的生物打印

技术名称	对经济、生活的影响	主要技术	关键应用
先进材料：具备强度高、导电好等出众特性或记忆、自愈等增强功能的材料	经济：0.2万亿~0.5万亿美元 生活：纳米医学可为2025年新增的2000万癌症病例提供靶向药物	石墨烯，碳纳米管，纳米颗粒（如纳米级的金或银），其他先进或智能材料（如压电材料、记忆金属、自愈材料）	纳米电子、显示器，纳米医学、传感器、催化剂、先进复合物，储能、太阳能电池，增强化学物和催化剂
先进油气勘探开采：勘探与开采技术的进展可实现经济性	经济：0.1万亿~0.5万亿美元 生活：2025年每年可额外增加32亿~62亿桶原油	水平钻探，水力压裂法，微观监测	燃料提取能源，包括页岩气、不透光油、燃煤甲烷，煤层气、甲烷水汽包合物（可燃冰）
可再生能源（太阳能与风能）：用清洁环保可再生的能源发电	经济：0.2万亿~0.3万亿美元 生活：到2025年每年可减少碳排放10亿~12亿吨	光伏电池，风力涡轮机，聚光太阳能发电，水力发电，海浪能	发电，降低碳排放，分布式发电

根据 Gartner 2013 年度技术成熟度曲线（图 1-6），选择若干关键、共性技术作为创新设计发展重点进行研究，并以技术驱动力、过程驱动力、价值创造驱动力对创新设计技术进行分类。

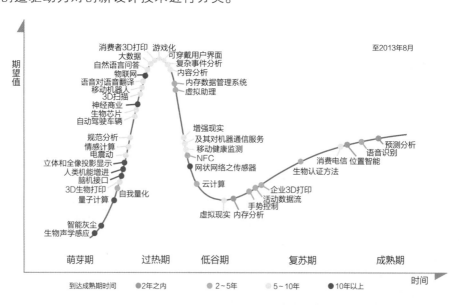

图 1-6　Gartner 技术成熟度曲线（2013）

过程驱动的创新设计着重于设计与产品规划、生产、营销、运行、使用、维修保养、回收全过程的结合，关注整个动态过程中的管理创新；同时，关注此过程中组织管理、人员配置、资源配置、全产业链，包括以下技术：

（1）过程集成与优化设计技术

过程集成与优化设计技术（Process Integration and Design Optimization，PIDO）通过模拟工作流促进参与不同任务的各种计算机辅助工程（Computer-Aided Engineering，CAE）及 VP 应用程序的集成，并实现自动化。其主要思想是在复杂产品的整个设计过程中充分利用分布式计算机网络技术来集成各过程模块及知识，通过有效的设计和优化策略组织和管理设计过程。

（2）多学科优化技术

多学科优化技术（Multidisciplinary Design Optimization，MDO）是一种通过充分探索和利用系统中相互作用的协同机制来设计复杂系统和子系统的方法论，通过将复杂系统分解为若干易于分析的子系统，对子系统进行分析和优化，并协调子系统之间的耦合关系，以获得系统整体最优的可行设计方案。

（3）TRIZ 理论与六西格玛设计 DFSS 集成技术

通过对世界几十万份发明专利分析研究，基于系统论思想创立的 TRIZ 理论（全称为 Teoriya Resheniya Izobreatatelskikh Zadatch，即发明问题解决理论），其优势是可以产生大量的创意，并能预测技术的未来发展趋势。运用这些规律方法，可大大加快人们利用知识创造发明的进程，而且能得到高质量的创新产品。

六西格玛设计（Design for Six Sigma，DFSS）就是按照合理的流程、运用科学的方法准确理解和把握顾客需求，对新产品 / 新流程进行健壮设计，使产品 / 流程在低成本下实现六西格玛质量水平。三星 3T 技术产品创新实施路径验证了两者集成的有效性。

（4）集成化产品和过程开发技术

集成化产品和过程开发技术（Integrated Product and Process Development，IPPD）的根源来自综合设计与生产实践、并行工程及全面质量管理，其核心思想始于 1986 年美国柏亚天管理咨询公司（PRTM）提出的产品开发过程中的产品及周期优化法（Product and Cycle-time Excellence，PACE）这一概念。其后，IBM、波音等公司在实践中加以改进和完善，形成了 IPPD 的思想以及一整套的产品开发模式和方法。20 世纪 90 年代以来，美国、英国等在新型武器系统和民用产品的研制中大量采用了 IPPD 模式，显著改善了开发流程，取得了明显的效果。

IPPD 是一个管理过程，这个过程将产品概念开发到生产支持的所有活动集成在一起，对产品及其制造和支持过程进行优化，以满足性能和费用目标。IPPD 的核心是虚拟样机和集成开发团队，而虚拟样机技术必须依赖 IPPD 才能实现。

（5）全球化设计技术

全球化创新设计的实质是设计模式的创新，是对全产业链的创造性重构和系统性规划，包括全球化决策、全球化实施、全球化管理三大核心模块。全球化设计最终也需要本土化回归（图 1-7）。

（6）全寿命周期设计技术

全寿命周期设计关注产品"从摇篮到再现"的所有过程（图 1-8），全寿命周期设计意味着，设计产品不仅要考虑产品的功能和结构，而且要考虑产

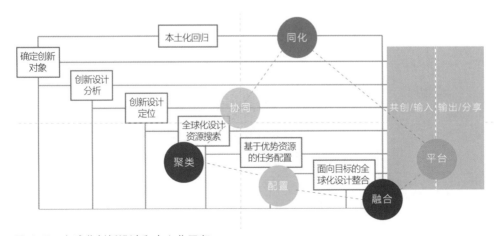

图 1-7　全球化创新设计和本土化回归

图 1-8　全寿命周期设计——"从摇篮到再现"

品的规划、设计、生产、营销、运行、使用、维修保养、再制造、直到回收再用处置的全寿命周期过程。

（7）面向设计 3.0 的设计管理技术

根据德国工业 4.0 中工厂智能化中让网络技术进入制造业的需求，设计灵活易变、高资源效率、考虑人机工程学以及使企业与顾客、业务伙伴最紧密地结合的设计管理技术。通过信息物理系统使人、机、物高度融合。通过灵活多变的管理，顾客和工厂频繁沟通，顾客不但在签订合同前，而且在下订单后、设计、加工、装配、调试阶段都能改变订单细节，更好地赢得商业伙伴。生产过程也更加人性化，利用网络，员工可以就近（甚至家里）上班，生产可以分散，员工可以有更多的灵活时间。所有加工设备、待加工部件（运输小车）都具有无线传感装置，工件制定设备与加工程序，工件控制工厂，所有后续工序信息，包括生产销售文件都由工件自己携带。

1.4 设计驱动的创新

设计分为三个层面：第一层面，设计的器物层面（Stage 1: design as styling），包括产品的功能、式样等；第二层面，设计的过程层面（Stage 2: design as process），涵盖设计、制造、试验、产品化、营销和市场等；第三层面，设计的战略层面（Stage 3: design as strategy），在更高的层面上（如国家、社会和全人类的福祉）的宏观考虑[1]。

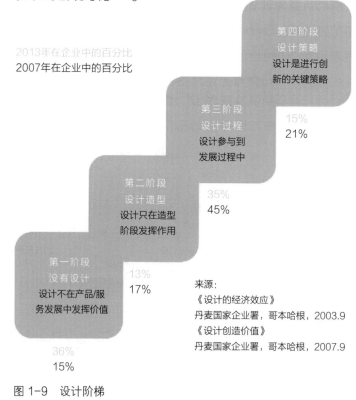

图 1-9 设计阶梯

---

[1] MICHELI P. Leading business by design: why and how business leaders invest in design. London: Design Council, 2014.

对绝大多数产品来说，设计是一种与经济目标紧密联系的行为。创新是对已有事物的突破，从宏观角度来看，无论历史事实还是理论都证明了创新是产品世界进化的内动力和必要因素。

但是创新为设计带来的直接价值很大程度上体现在概率层面，而并非是一种必然的结果。

企业是创新设计的主体，企业对设计创新的重视程度决定着国家创新设计和价值实现的水平。设计的微观价值体现在企业的经济效益，宏观价值则体现在创新理念的普及化、常态化和全民化及其带来的社会、文化与经济的正反馈效应。设计的目标是用户对产品功能、质量、美感等诉求的实现，以及企业经济利益的增加。而创新的实现则是国家、社会健康发展乃至人类社会持续进步的基石。

设计在经济利益的干扰下有可能会把创新摆在一个比较次要的位置上，比如抄袭仿冒，或者在有效的法律规避策略下对成功产品进行"跟风"搭便车。因为创新有风险，会影响企业的设计决策。不得不承认，虽然企业与国家在大的利益方向上是一致的，但是并非所有企业都能把局部眼前利益与全社会的整体利益一致起来。从手段到目标需要理论和行动策略两方面的深入研究。

设计驱动创新的理论与技术基础

设计与创新作为一对手段与目标，需要协调一个子目标（企业）最优和总目标（国家社会全人类）最优的关系。

创新的风险会不会随着创新行为的增加而减少呢？一般而言，是会的。创新行为越多，成功的创新产品就越多，金融机构对创新的支持就越多，创新技术就愈趋成熟。同时，产品用户对创新的接受程度会逐步深入，对创新的预期也会增加，从而把创新的风险逐渐稀释掉。与创新的风险相对应的则是成功的创新的投入产出比远大于在其他生产资料上的投资。

大众参与的群体创新模式逐渐成为主流，使对创新设计的成败的准确预测逐步提前到产业链的前端，减少了创新失败的损失。

大量众包平台的建立和大数据、云技术的成熟使得通过技术手段鉴别产品的原创性成为可能，原创和仿冒产品在营销渠道上的差异将越来越大，也是一个正面支持创新的巨大优势。因此，产品设计中的创新行为所遭遇风险大部分源于信息的缺失和不透明，以及对海量数据的分析挖掘，以及有价值的信息的准确提取。

借助技术突破实现产品性能的飞跃和借助深入分析消费者需求提高消费者对产品的满意率是实现创新的两种主要方式。颠覆式创新属于第一种类型的创新方式，其主要推动力是技术的创新，而渐进式创新属于第二种类型的创新方式，其主要推动力是对市场的分析。设计驱动式创新战略是对产品内在意义进行颠覆式创新，如图 1-10 所示。

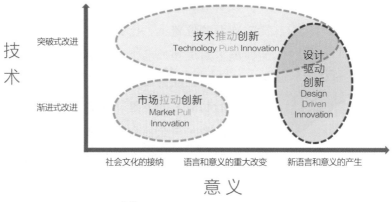

图 1-10　设计驱动创新[1]

设计驱动创新从理论角度，是一个把经济价值提升到社会价值的过程，也是一个基于分散的个体目标实现全社会收益最大化的福利经济学课题。从技术角度，则是通过增加信息的透明性和减少不确定性来降低创新的风险，实现设计行为与创新目标的一致性。

---

[1] Verganti R. Design driven innovation: changing the rules of competition by radically innovating what things mean. Harvard Business Press, 2013. 编者翻译重新绘制。

尽管设计行为对创新的驱动效应在大趋势上是明显的，在目前的情况下，仍需一些操作性的引导，以尽快建立从设计到创新的直接驱动效应。

当我们把创新理解为一种实现健康正向、符合人类长远利益的生活方式的必要途径时，以驱动创新为使命的设计行为，将不会再把用户的显性需求放在首位，不再纯粹为了经济效益而围绕用户不健康、不环保、无法自控的非理性生活方式开展设计，而是担任起引导宏观正能量的责任。设计师的角色将逐渐由被动变为主动。

日新月异的现代技术对设计的影响主要有几方面：

首先　随着技术的突飞猛进，用户已经不再有能力告诉设计师他们需要什么——特别是健康正向的需求。他们也越来越难想象技术驱动下的新一代产品是什么样子。

其次　技术是中性的，针对技术应用的价值观和道德感需要引导，否则将把用户带入堕落。这个引导的责任将逐渐落在设计的肩上，因为设计是导致新产品诞生的直接途径。

设计师站在技术应用的最前沿，与用户的知识差距将逐渐扩大，设计师与用户比拼审美观的旧时代将一去不返。设计师有能力告诉用户他们"应该"需要什么。技术的发展让设计师的责任更重。技术匮乏时代，技术的研发与应用集于一体，创意活动紧密围绕有限的技术成果开展，设计师的角色是被动的中介性质。如今技术成果井喷式发展，技术的研发与创意应用两个领域将越来越彼此独立，技术成果的易得性为设计师赋予了更大的自主权。因此，如同从海量信息中提取有价值的内容一样，设计师对技术成果有意识的选择与应用将为其提供极大的自由度，同时也赋予其更高的地位和更大的责任。

技术成果的丰富，也将重新开启文化的多样性。工业革命以来，经历了技术成果单一化渠道发展的一个世纪，对已有技术的可选余地并不多，技术的全球同质化特征抹平了文化差异。如今技术成果的丰富又为传统文化在信息时代的延续提供了新的环境和生长土壤，让一度面临中断的文化多样性和差异化发展有了新的生机。

多样化是进化的能力储备。在这种背景下，有必要从一个更加宏观的、符合人类长远利益的角度来理解、阐释并拓展创新的"意义"，并与用户个人化的需求取得某种程度上的平衡，逐步实现引导作用，制止用户的非理性需求（指不符合自身利益最大化的需求），让设计进入法律和道德都难以介入的价值观领域，担负起正向引导的使命。

本书是中国工程院重大咨询课题"创新设计发展战略研究"子课题"创新设计共性、关键技术研究"的研究内容和成果之一，创新设计共性、关键技术分课题紧扣从工业时代到知识网络时代过渡阶段的市场、技术、生活特点，基于科技、经济、社会、文化、生态的知识创新以及与全球化信息大数据的融合，立足我国从制造大国到制造强国的基本情况，选择若干关键核心技术、基础共性技术进行研究与突破。促进绿色化、信息化、网络化、智能化、个性化和定制式的制造服务发展。为适应知识网络时代的、以知识信息大数据为基础的创新设计（设计3.0）提供技术支撑与保证。力求以创新设计共性、关键技术推动原始创意、技艺、方法和工具的创新，形成原创突破，结合用户需求、产品质量、性能、成本、美学、人机工程等各因素，为典型产品应用创新设计战略提供技术支撑，构建服务于创新设计技术"绿色、智能、全球网络、个性化可分享、和谐协调"大趋势的核心竞争力。

课题研究拥有以下六大特点：

创新设计驱动力包括技术驱动、过程驱动和价值创造驱动；

紧扣创新设计"绿色、智能、全球网络、个性化可分享、和谐协调"五大特征趋势；

面向知识网络时代，符合中国新型工业化特点（信息化、工业化、城市化、市场化、全球化"五化"融合）；

所选技术国内领先，同领域认可；

以2030年、2050年为时间点，展望未来生活方式，创造未见的需求；

技术能向产业化、商品化、服务化、品牌化转化。

CHAPTER TWO | 第二章
技术推动的好设计案例概览

技术 – 案例表格

本书共收集 12 个技术推动的好设计案例，共涉及 13 种相关技术，汇总于表 2-1。

表 2-1 案例技术索引表	大数据技术	云计算技术	3D打印技术	通信技术	物联网技术	可穿戴技术	脑电研究技术	建模与仿真技术	机器学习技术	虚拟现实与增强现实技术	传感技术	医疗影像技术	人机交互技术
六足章鱼机器人				+				+	+		+		
Phantom 2 Vision				+							+		
盈创 3D 打印建筑			+										
华院数据大数据应用解决方案	+	+											
海尔智慧家庭解决方案	+	+		+	+						+		
咕咚智能手环						+							
联影高性能医疗设备		+										+	
四维交通指数	+												
Perception Neuron				+				+			+		
G-magic 虚拟现实交互系统								+		+			+
流动数字博物馆										+			
BrainLink 意念力头箍							+						

2.2 创新设计技术多维立方集

创新设计技术立方集模型（Innovation Design Technology Cube，IDTC）由三个维度构成：

维度一：
面向创新设计的时间维度，分为设计 1.0，设计 2.0，设计 3.0（创新设计）；

维度二：
需求维度：包括个人、组织和社会；

维度三：
创新维度：包括技术推动、过程拉动和价值创造驱动。

创新设计技术多维立方集的三个维度，构成了若干个创新设计技术多维立方体。

本书的重要任务是基于创新设计技术多维立方集，凝练出支撑创新设计技术的多维立方体（图 2-1）共性和关键技术。

本书案例在创新设计技术多维立方集的位置如图 2-2，从中可以凝练出支撑创新设计技术的多维立方体共性和关键技术。

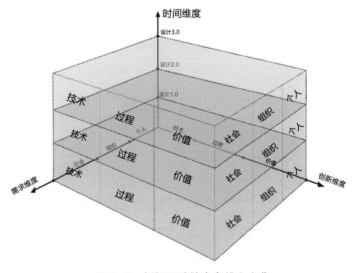

图 2-1　创新设计技术多维立方集

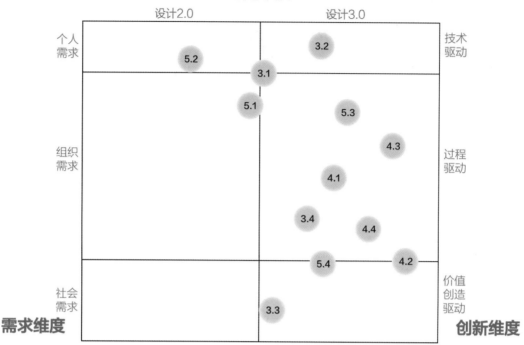

图 2-2　创新设计技术多维立方集二维展开图

3.1　六足章鱼机器人
3.2　Phantom 2 Vision 小型航拍系统
3.3　盈创 3D 打印建筑
3.4　华院数据大数据应用解决方案

4.1　海尔智慧家庭解决方案
4.2　咕咚智能手环
4.3　联影高性能医疗设备
4.4　四维交通指数

5.1　Perception Neuron 动作捕捉系统
5.2　G-Magic 虚拟现实交互系统
5.3　流动数字博物馆
5.4　BrainLink 意念力头箍

CHAPTER THREE | 第三章
领先技术案例

3.1 六足章鱼机器人

简介 六足章鱼机器人由上海交通大学机械与动力工程学院高峰教授团队研制开发（图3-1），是一款核电站紧急救灾机器人。

图3-1 高峰教授（左五）及其团队成员

我国在建的核电机组装机容量是世界各国在建的首位，到2020年我国核电总装机容量将居世界第四位。日本福岛核电站事故（图3-2）给人类带来的启示是：自然界会发生超乎人类想象的灾害。核电站紧急救灾机器人研究意义是在民族面临核灾害危难之际确保国家有必要的救灾能力和手段，是体现国家对人民生命财产安全高度负责任的举措。核电站紧急救灾机器人是国际核电救灾领域的发展前沿和世界性难题。

由上海交通大学机械与动力工程学院高峰教授团队研制开发的六足章鱼机器人（图3-3），其移动自如的"六足"具有良好的复杂环境适应能力，可以代替救援人员携带检测设备进入发生事故的核电站厂区，探测发生事故后核电站内部情况，同时还可以执行搬运管道、拧动阀门、清

高峰，教授，原河北工业大学校长，国家杰出青年基金获得者，现为上海交通大学机械与动力工程学院教授、博士生导师，"973"首席科学家，机械系统与振动国家重点实验室主任。

图 3-2　日本福岛核电站事故

图 3-3　六足章鱼机器人

理事故现场等任务，让极端条件下的远程救援成为可能。除此之外，机器人在经过特殊防护之后，可以在水下环境中作业，以及在火灾现场或有毒环境中完成救灾任务（图3-4）。该机器人通过三维仿真模型进行了全数字化模拟设计，标志着中国救援机器人迈入国际先进行列。

六足章鱼机器人采用集合论、螺旋理论等数学工具和仿生学原理，建立紧急救灾机器人适应核电站非结构化复杂环境和水下作业的机构和驱动设计方法，实现重载行走与灵巧操作一体化机构设计，提高机器人承载自重比，使机器人适应核事故环境下的重载灵巧救灾作业任务。

图 3-4　功能清单

　　六足章鱼机器人长有 6 条腿，每条腿都具有 6 个自由度，包含 3 个主动自由度和 3 个被动自由度，以实现各个方向的灵巧作业。在机器人行走过程中，机器人通过 3 个主动自由度来精确控制每条腿末端的位置，同时通过其末端 3 个转动自由度来自动适应各种复杂地面，能在地上灵活稳健地行走，钢足铁骨。机器人高约 1 米，最大伸展尺寸是 1.5 米 ×1.5 米，采用了特殊的腿部设计，每条腿都装有 3 个电机，由 18 个电机驱动，能负重 200 千克，腿脚可实现 18 个自由度变换，能够灵活地沿各个方向稳定行走，时速可达 1.2 千米 / 小时。依靠安装在腹部或者背部的设备，机器人可以充当一个稳固的移动操作平台，执行搬运、打孔等作业；当用"四爪"站立时，空出的"两爪"便可充当"两手"完成拧动阀门、清理事故现场等作业。

　　此外，由于机器人采用完全对称的设计，可以不分前后，在任意方向快速运动，使其拥有很强的机动性和避障能力。机器人采用并联机构，相对于传统机构，该机构能显著提高机器人的负载自重比（图 3-5）。任何时刻总有 3 条腿稳稳地作为支撑。采用并联传动和输入输出方式设计救灾机器人机构，不仅降低机器人运动部件惯量、能耗和装机容量，而且使机构运动部件与驱动及控制在物理结构上分离，使机器人便于抗辐射防护和简化控制系统结构。

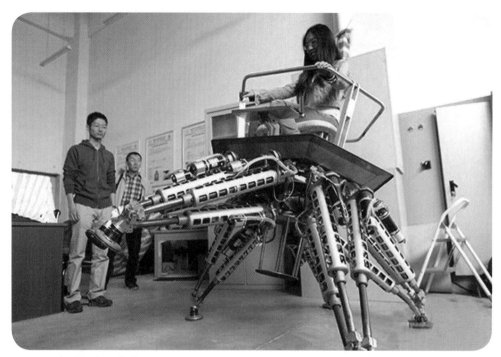

图 3-5　机器人负重作业

结合电机的运动控制灵活性和液压驱动的高功率密度特性，提出新型的电机－液压复合驱动原理和外骨骼式驱动与传动方法，为救灾机器人的高密度驱动和控制提供技术支撑。

采用有线和无线相结合的动态网络自组织和动态路由选择策略，构建核事故现场的信息传输通道，实现操作者对现场状况和机器人工作状况的远程感知；采用视觉、语音、动作示教等模式向救灾机器人发布作业指令，救灾机器人实时辨识人的指令蕴含的意图和情感，结合现场环境和自身状态，基于自学习机制滚动规划，实现人机交互与自律协同的救灾作业。依靠现代化的通信、控制手段，机器人能对抗干扰，准确地执行人的指令。具备适应各种不同地形环境的灵活稳定的运动能力、环境实时感知能力，以及自律控制与人机交互协同的远程操控能力。

机器人有多种智能控制方式，包括使用智能手机、平板电脑来进行控制。同时机器人还可以响应各种语音指令。

（1）创新设计特点

六足章鱼机器人具有视觉、力觉、识别地形、主动避障、自主开门、感知外载、自主平衡等各项功能。相比轮式和履带式机器人，步行机器人可以更好地适应崎岖地形，实施有效的救援，恶劣的环境和复杂的作业任务是各国面临的难题和挑战。

（2）效果与应用

六足章鱼机器人通过巧妙精准的设计，成功解决了重载作业和灾害环境防护方面的难题，将救援步行机器人的实际应用向前推进了一大步。

（3）总体评价

六足章鱼机器人所运用的建模仿真技术、机器学习技术，使其具备适应各种不同地形环境的灵活稳定的运动能力、环境实时感知能力，以及自律控制与人机交互协同的远程操控能力。移动自如的"六足"具有良好的复杂环境适应能力，可在核辐射、水下和火灾等极端环境下完成搬运、搜索、探测和救援作业等任务，让极端条件下的远程救援成为可能，对于社会、生态环境等方面都做出了贡献（图3-6）。

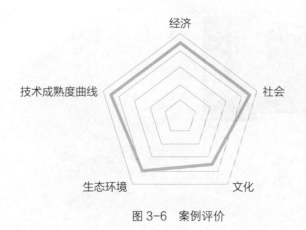

图3-6　案例评价

3.2 Phantom 2 Vision
小型航拍系统

Phantom 2 Vision 小型航拍系统是深圳市大疆创新科技有限公司（简称大疆）研发的利用智能手机作为相机取景监视器，内置相机、免安装的航拍飞行器（图 3-7）。

图 3-7　Phantom 2 Vision

深圳市大疆创新科技有限公司（DJI-Innovations，简称 DJI）成立于 2006 年，是全球领先的无人飞行器控制系统及无人机解决方案的研发和生产商，客户遍布全球40 多个国家。

通过持续的创新，大疆致力于为无人机工业、行业用户以及专业航拍应用提供性能最强、体验最佳的革命性智能飞控产品和解决方案。很少有人知道在硅谷科技精英和风险投资家眼中，DJI 已经是少有的能够被拿来与苹果比较的中国公司。

凭借对创新的高度投入，大疆研发并推出了多个具有业界最顶尖水平的产品系列，包括 Ace 系列工业无人直升机智能飞行控制系统和地面站控制系统，WooKong-M 系列多旋翼控制系统级地面站系统，Zenmuse 禅思系列高精工业云台，Spreading Wings 筋斗云系列多旋翼专业影视航拍飞行器，包含了高清数字图像传输的 Ruling 如来系列多功能手持地面控制终端，以及 IOSD 视频叠加系统等周边产品。此外，大疆还推出了专门针对模型和玩具市场的 WooKong-H 遥控直升机飞控系统，Naza 系列飞控系统，Flame Wheel 风火轮系列轻型多轴飞行器等产品。

在大疆创新的研发实验室里已经储备了未来2~3年的最新科技，并持续融入自己的创造力和想象力，使得这些超前的科技成果可以被应用到解决各种实际工业和商业问题的产品中去。

大疆的领先技术和产品已被广泛应用到航拍、遥感测绘、森林防火、电力巡线、搜索及救援、影视广告等工业及商业用途，同时亦成为全球众多航模航拍爱好者的最佳选择。

作为 DJI 创始人，汪滔本科就读于香港科技大学电子专业，师从华人机器人研究领域的权威李泽湘教授，遥控直升机是汪滔青少年时代的愿望。汪滔认为，一个技术驱动的科技公司，最好的策略就是不断快跑。"别人开始抄我这一代产品的时候，我新的产品已经超越他们一代了。同时，综合的技术系统优势会让追赶者永远只能模仿我的过去，无法迂回到我的未来。"这让追赶者永远没有规模优势和技术优势，赶超成本会高到他无法承受。

产品特性

（1）空中实时拍摄画面回传，体验前所未有的航拍操作

Phantom 2 Vision 高度整合了空中照相机系统及用户的手持智能机终端。在拍摄过程中，智能机终端可以实时显示拍摄的空中画面，用户则可以在手机屏幕上选择相应的拍摄参数并轻松完成拍摄工作。在拍摄工作完成后，通过简单的操作即可快速完成照片及视频的同步、保存（图3-8）。

在飞行及拍摄辅助方面，Phantom 2 vision 支持飞行数据的实时监测和展示，飞行器的核心参数信息，如速度、高度、距离、相机的俯仰角度、电池容量、GPS 卫星情况会全面地显示在手机应用上，从而让用户清楚地了解飞行器的整体状况，让整个飞行过程更加安全可控。手机实时

空中拍照

图3-8 通过手机即可操控

查看画面飞行距离方面，通过独有 WIFI 通信和增距技术，Phantom 2 vision 可实现 300 米内无线信号的连接和图像的实时回传。

（2）可以"分享"的飞行体验

用户可以选择将照片、视频通过 WIFI 轻松同步到智能手机上，并通过手机即时分享到社交平台，感受比手机自拍更炫酷的拍摄新体验（图3-9）。

图3-9 通过手机可分享

（3）飞行过程操作简易，安全可靠

Phantom 2 Vision 内嵌高精度电子感应系统和 GPS 自动导航模块，可以准确地锁定飞行器的高度和位置，实现飞行器的稳定悬停（图3-10）。

Phantom 2 Vision 拥有雷达定位功能。飞行雷达可以实时显示飞行器相对于使用者的方位。当飞行器超出遥控距离时，系统自动启用失控保护功能，飞行器将自动返航并安全着陆（图3-11）。

图 3-10　GPS 定位系统

图 3-11　雷达定位系统和一键返航

案例评价

（1）创新设计特点

1）领先的飞控和三轴云台系统，可提供有效增稳，无论飞行条件如何，无论无人机作出何种动作，都可以实现稳定流畅的画面拍摄。

2）高度整合了空中照相机系统及用户的手持智能机终端，智能机终端实时显示拍摄的空中画面。创建聚集无人机爱好者的网络社区 SkyPixel，让无人机航拍成为一种时尚潮流。

3）共创分享。创办大疆开放平台，邀请第三方开发者加入自己的公开平台，在大疆无人机的基础上开发自己的无人机应用解决方案。

（2）效果与应用

　　大疆已占据全球小型无人机约50%的市场份额。美国《时代》杂志发布了 2014 年度十大科技产品，其中大疆的大疆精灵 Phantom 2 Vision+ 入选，位列第三。

（3）总体评价

　　Phantom 2 Vision 小型航拍系统使用的独特的通信技术，实现无线信号的连接和图像的实时回传；高精度技术的运用，可以准确地锁定飞行器的高度和位置，实现飞行器的稳定悬停。相关方面成熟的技术，让 Phantom 2 Vision 在航拍领域格外耀眼（图 3-12）。

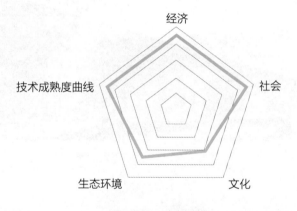

图 3-12　案例评价

3.3 盈创 3D 打印建筑

盈创建筑科技（上海）有限公司（简称盈创）是一家专业从事建筑新材料研发、生产的高新技术企业，公司目前拥有98项国家专利证书。盈创研发与生产的GRG（玻璃纤维加强石膏板）、SRC（特殊玻璃纤维水泥）、盈恒石产品能够满足建筑室内外墙面地面的装饰需求。盈创是国内第一家GRG生产企业。GRG主要运用于大剧院、体育场、会议厅、商业综合体、高端会所、酒店、售楼处的室内装饰。从2002年至今已成功完成了300多项国内大剧院项目，国内大剧院采用率达到95%，为政府节约了大量成本。

盈恒石是公司经过多年研发通过流水线生产出来的新型"石材"。材料环保无辐射。是一种取之自然、还原自然、超越自然装饰板材。可用于建筑的地面、墙面、屋面（图3-13）。因为其具有高强度、高耐磨性、大规格等特点，盈创研发出各种安全、简单、快速的安装体系，满足项目的各种需求。目前已成功运用于北京凤凰卫视传媒、沈阳中粮航院等大型项目。

SRC是盈创为建筑个性化研发的一款产品，满足建筑的个性化定制产品。通过结合世界前沿的数控技术，使建筑不再局限于材料限制，让建筑的形式更加多变（图3-14）。

图3-13　盈恒石——盈创自主研发的新型石材

图3-14　SRC定制的凤凰国际传媒中心

在目前很多建筑中，已经用到了 3D 打印技术。比如上海大剧院、世博中心、凤凰卫视大楼、深圳华为厂房等（图 3-15）。通过 SRC，能够实现各种异形构造，与北京 SOHO 合作在张江高科技园区的 10 栋建筑，都使用了非常大胆的造型设计。3D 打印建筑可以实现内外装饰、保温防水系统的一体化。上海盈创为汤臣实现过 1100 平方米的别墅项目以及 G20 峰会项目的异形住宅建造。不但实现了复杂的花纹和造型，建筑本身的强度、保温性能也非常好，又极大地节约了成本。可以说，3D 打印技术是绿色建筑最好的实现途径，能够创造更好的未来建筑。

盈恒石和 SRC 为未来建筑提供了无限可能（图 3-16 ~ 图 3-18）。盈恒石是未来建筑的基础材料。它可以结合玻璃、贝壳等其他材料呈现出丰富多彩的肌理表现。并且可以为 3D 建筑打印提供油墨，让 3D 打印建筑不再是梦想。

图 3-15　盈创 3D 打印建筑

图 3-16　SRC 定制的草莓大厦

图 3-17　SRC 定制的三亚凤凰岛　　　　图 3-18　SRC 定制的上海吴中路红星美凯龙

　　2014 年 8 月 20—22 日，2014 上海绿色建筑建材展在上海新国际博览中心举办。这次展览上，汇聚了众多绿色建材新品，引领了绿色建筑潮流，传播了绿色建筑知识。盈创装饰集团有限公司也参与了展览（图 3-19）。3D 打印在建筑领域的运用，可以说是世界最领先的技术，盈创在展会上展出的 3D 建筑实景给了观众直观的冲击。

图 3-19　3D 打印建筑展览

1　　　盈创拥有万能油墨混凝土技术。3D 打印的技术发展很快，但是使用哪种材料作为打印的油墨，一直是 3D 打印技术运用到建筑中的困扰之一。无论使用哪一种石材，都需要开采天然石材，难言是一种绿色环保的技术。盈创能够利用建筑垃圾和沙土，回收利用成为 3D 打印的油墨混凝土。这样，既解决了油墨材料的问题，又回收了大量的建筑垃圾。

2　　　盈创拥有世界上第一台连续建筑 3D 打印机。3D 打印技术并不像想象中那么复杂，但是连续建筑打印是其中的难点。这项技术让 3D 打印在建筑中使用成为可能，以后一栋楼的建造或许只需要一两个人，一台连续 3D 打印机就能在现场完成。

3　　　盈创拥有世界上最大规模——10 米 ×6.6 米 ×150 米的 3D 打印机，为将来 3D 打印在桥梁、高层建筑上的使用提供了可能性。

4　　　盈创拥有一体化建筑 3D 打印集成技术，能够应对各种异形建筑的需求。

回收建筑垃圾和矿山余料首先就是一项绿色环保的工作。处理掉这些垃圾废料会产生许多碳排放，而现在，它们不再是垃圾，而成为新建筑的原料。3D 打印能够颠覆现在对于建筑工地的印象，传统建筑工地嘈杂、扬尘、工作量大、施工时间长，而 3D 打印现场完全使用干法施工，几乎没有粉尘，极大地减少人工和时间成本。3D 打印还能够治理沙化，将沙作为材料打印固沙结构，取沙治沙，真切地参与到绿化中国的行动中。

（1）创新设计特点

1）盈创 3D 打印建筑研发了包括 GRG、SRC、FRP（玻璃钢异性家具）以及盈恒石等装饰材料，解决了大型建筑工程中的异形装饰问题，摆脱材料只能从国外进口的现状。

2）3D 打印建筑可在 24 小时内打印出 10 栋 200 平方米的建筑，大大节约了时间和金钱成本。

3）通过技术处理、加工、分离，使工业垃圾、尾矿等建筑垃圾成为 3D 打印建筑的原材料，绿色环保。

（2）效果与应用

2004—2005 年，研发出 3D 打印喷嘴及自动供料系统；2006 年，盈创 3D 打印 SRC、FRP 问世；2007 年，盈创 3D 打印盈恒石问世；2008 年，盈创 3D 打印出第一块建筑墙体；2012 年，盈创完成 3D 打印建筑完全系并申请了独家专利；2014 年 3 月 29 日，盈创建筑 3D 打印技术全球新闻发布会使盈创成为全球第一人。

（3）总体评价

盈创将 3D 打印技术运用于建筑行业，使用干法施工大大减少了粉尘污染，同时也将人工和时间成本大幅缩减。3D 打印技术还能够取沙作为材料打印固沙结构，保护了人类共同的绿色家园，也保护了人类自己（图 3-20）。

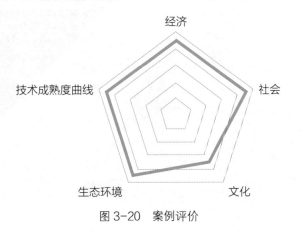

图 3-20 案例评价

3.4 华院数据大数据应用解决方案

华院大数据视野

了解更多 >>

数据驱动企业智能管控平台

了解更多 >>

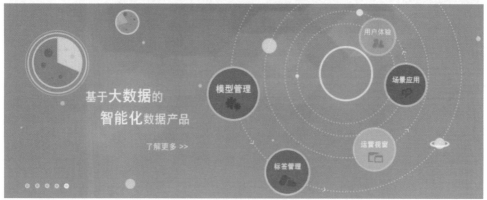

基于大数据的
智能化数据产品

了解更多 >>

用户体验

模型管理

场景应用

运营视窗

标签管理

互联网、移动互联网时代的到来正在颠覆着传统经济的发展模式，跨界突破性创新产生的新模式、新应用正在革传统企业的命。纵观新一代具备互联网基因的成功企业，其成功的核心在于利用新模式、新技术，牢牢抓住用户入口，通过对用户大数据的高效分析和深刻理解需求，力求让产品和服务更加贴近消费者。传统的产品公司如不能发展用户平台级产品或运营模式，则只能成为这些跨界公司的附庸。

华院数据技术（上海）有限公司（简称华院数据）成立于2002年3月，是国内目前为数很少的以高水平的数据挖掘和数据分析为核心能力的专业服务公司。华院数据提供基于数据挖掘的面向营销分析和管理、客户关系管理和决策支持的应用软件和咨询解决方案。华院数据以"通过数据分析推动科学决策和管理优化"为使命；强调诚实、严谨、实用的研究作风；不断追求更加卓越的分析水平；在长期的经营实践中始终保持客户满意度－员工满意度－社会满意度－股东满意度的协调与统一。

家电大数据生态圈——以冰箱为例

华院数据基于十多年行业大数据应用的丰富经验，结合家电行业特征，为传统家电制造企业规划设计其专属的基于大数据应用的平台生态圈（图3-21）。

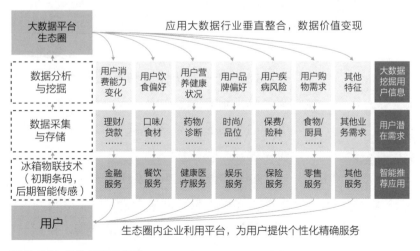

图 3-21　生态圈整体架构

首先　　应用物联网技术和移动互联网应用，创新产品功能，让产品集成具备"用户入口"能力，应用条码、二维码、智能传感识别器等新应用和新技术，通过未来数据应用为用户提供增值服务，形成用户自发的食物消费数据的采集机制。以冰箱为例，用户在放食物入冰箱时，即可应用冰箱自带的扫码能力，采集食品的品牌、规格、数量、保质期、存放日期等信息。

其次　　构建企业级以用户、产品为中心的大数据中心，对采集的大数据进行存储、清洗、整合，形成结构化的大数据基础。

最后　　应用大数据分析挖掘技术，应用细分、聚类、RFM、关联规则、机器学习等大数据分析挖掘模型和算法，构建体系化的场景库、规则库、标签库、指标库，对用户消费特征进行 360° 全方位深度洞察。

同时，以用户数据中心为核心竞争优势，发展平台生态圈，基于典型场景，发展各类垂直应用。如设计"我家的冰箱"APP，为用户提供食物消费增值服务，及时提醒用户食物过期、食物补充、食物营养健康优化等增值服务，提升用户消费体验和产品使用黏性；如整合跨界资源，应用消费洞察知识，设计针对性的产品和服务，为用户的全方位消费需求提供精准化、个性化的增值服务和应用。

传统产品企业通过发展用户平台级产品，创新性构建大数据应用生态圈，其完全可以突破传统家电"研发－制造－销售"的短链条运营模式禁锢，实现"研发－制造－销售－持续运营"的长链条运营模式创新，真正让大数据华院数据作为国内大数据行业垂直化应用解决方案的先行者，其领先的大数据应用理念，强大的行业解决应用能力，先进的大数据分析挖掘技术，使其于 2013 年受邀为海尔集团提供大数据应用战略规划，设计传统家电大数据、互联网应用发展模式转型路径。华院数据通过规划创新性的数据化家电产品，搭建企业级用户大数据平台，形成大数据采集、大数据分析挖掘、大数据应用完整的价值链，为海尔的互联网转型发展提供强有力的战略支持。

成为资产，让大数据成为构建其持续竞争优势的原动力。

华院数据信用管理平台

良好的社会信用是经济社会健康发展的前提，而拥有一个成熟稳定、高效运行的征信系统则是市场经济持续发展的重要保障。随着信息化时代的到来，信用信息的量化和公开，能为信用的快速传递、识别和判定提供便利，也将有效地降低和削弱市场交易风险，顺应现代商业高效、快捷、安全的需要。

基于信用的营销和服务已经成为企业进行差异化客户关系管理的重要手段，但大部分企业，都缺乏全面、科学、有效的信用评估标准或信用评估结果，更缺乏基于信用的客户运营和管理能力，多半企业还不会使用信用的杠杆，将企业和客户的利益撬动到最大化。对企业而言，独立开展信用评估，投资高、效率低，以大数据分析挖掘为基础，构建信用管理平台，让信用经济成为新的经济增长点成为各个企业新模式创新应用的方向。

华院数据基于十多年的大数据分析挖掘能力积累，采用国际先进的信用评分卡模型，构建具有广泛适用的信用管理平台。该平台包括规范标准的大数据处理层、灵活高效的模型配置层、自动化滚动循环评估机制、科学及时的分析监控层、丰富多样的应用运营层，可以实现对信用模型的标准化管理和应用效果的常态化监控管理及持续优化。

华院数据信用平台通过数据对接，可以直接在企业中部署应用。目前，华院数据信用管理平台已经在运营商行业得到广泛应用，信用评估覆盖用户数超过 2 亿。某省级运营商应用信用服务后，改善了用户消费体验，取得了显著的经济效益，仅 2013 年一年，实现的收入提升约 1.4 亿元，年欠费额降低约 0.3 亿元。

未来，通过信用平台的应用，可以在金融、电商、社交媒体、搜索引擎、生活应用数据、电信运营商等领域形成单行业维度的信用评分基础上，以行业信用标签输出的形式，全方位整合并分析客户信用评分，最终建立跨行业、跨系统、多数据源的个人信用数据整合体系，规范和完善的个人征信评级机制，形成跨行业综合的个人信用评估结果。综合性信用的形成，不仅有利于形成综合社会征信体系的示范作用，推动"信用中国"和信用社会的发展，同时也有利于形成社会发展的新指标，推动信用经济的发展和社会运营成本的降低。

建设个人综合征信体系是一项循序渐进、日臻月益的系统工程。体系搭建的成败与否，需要解决以下几个关键点：

① 要有效解决跨界征信成本过高问题。信用体系的构建需要全社会共同参与，因此需要制定各行业统一的信用信息采集和分类管理标准，在不违背敏感信息泄露的前提下，构建信息共享机制，打破目前的信息分割局面。

② 要科学解决个人综合信用的量化评级问题。首先，要帮助拥有大数据的行业（如：通信运营商、电商）建立健全自身用户的个人信用评估模型和办法；其次，要将各行业的信用评估结果科学关联并融合形成个人综合信用评分。

③ 要合理解决个人综合信用应用问题。要推动健全个人信用立法以及信用应用立法，完善个人信用的应用场景和对应的管理办法。同时，健全信用查询和共享的渠道，实现信息的高效查询和共享。

④ 在形成征信量化过程中，解决个人信息以及个人隐私的平衡。在对大数据进行用户评价时，对数据进行脱敏，并通过评分过滤个人信息以及隐私。

（1）创新设计特点

1）华院数据充分应用最新的技术手段，对全领域、全过程的各种信息进行定量采集、定量分析挖掘、定量描述，并在数据量化的基础上实现各种信息之间的互联。

2）华院数据基于数据价值化的特征应用了价值思维，在量化和互联的基础上，建立实用的分析方法和数据科学，实现有价值的数据应用，通过创造性的方式实现数据价值。

（2）效果与应用

华院数据拥有中国大陆目前最大的数据挖掘应用团队，并在中国香港、美国硅谷、澳大利亚墨尔本设立了研究机构。它长期专注在金融、电信、航空、零售、电商行业的数据挖掘应用研究，在我国 27 个省、直辖市、自治区搭建了专项项目研究小组，实施项目总计超过 500 个，通过将其领先技术与行业实践相结合的方法，为电信行业运营商挽回 3.34 亿元人民币的收入，为协助金融行业机构营销成功率提高 400%，并帮助电商平台提升 120% 的交易量，给客户带来了显著的投资回报。

（3）总体评价

华院数据运用大数据理念，提供大数据应用战略规划，为传统家电行业提供大数据、互联网应用发展模式转型路径。华院数据通过规划创新型的数据化家电产品，搭建企业级用户大数据平台，形成大数据采集、大数据分析挖掘、大数据应用完整的价值链，为传统企业的互联网转型提供强有力的战略支持（图 3-22）。

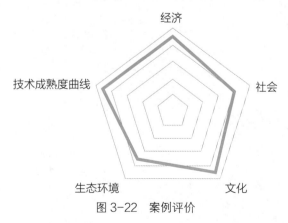

图 3-22 案例评价

CHAPTER FOUR | 第四章
健康生活案例

海尔智慧家庭解决方案

简介　　海尔智能家居公司（简称海尔），隶属于海尔集团，企业注册资金 1.8 亿元，是全球智能化产品的研发制造基地。海尔以提升人们的生活品质为己任，提出了"让您的家与世界同步"的新生活理念，不仅仅为用户提供个性化产品，还面向未来提供多套智能家居解决方案及增值服务。海尔倡导的这种全新生活方式被认为是未来家庭的发展趋势，多次得到党和国家领导人的高度评价。

　　网络家电是将普通家用电器利用数字技术、网络技术及智能控制技术设计的新型家电产品。网络家电可以互联成一个家庭内部网络，这个网络又可以与外部互联网相连，从而形成网络家电系统。

　　海尔根据社区智能化及家电的发展趋势，结合小区智能化技术以及家电网络化技术，开发了包括家庭网关（家庭智能终端）、网络空调、网络热水器、网络洗衣机、网络洗碗机、网络冰箱、网络微波炉等在内的全系列网络家电产品，技术先进。例如，当家中的门窗、抽屉被非法打开时，系统自动打开警笛，阻吓小偷，并将报警信息发送到户主手机，通过摄像机还可以拍摄经过；下班路上，用手机就可提前启动热水器、空调，调节好水温、室温；劳累了一天，回到家，坐在沙发上可通过遥控器直接开关电灯、窗帘，而不用起身。

网络家电技术包括两层面。其一，家电之间的互联问题，也就是使不同家电之间能够互相识别，协同工作。其二，解决家电网络与家庭网络、外部网络的通信，使家庭中的家电网络真正成为家庭网络、外部网络的延伸。

图 4-1 云社区解决方案给业主全新生活体验

作为中国家电的行业翘楚，早在 1997 年，海尔就开始了 U-home 智能家电的研发，并不断主导基于家庭网络技术的行业标准、国家标准的制定，乃至申报多项国际标准。从 2001 年以来，海尔 U-home 又组建了中国家庭网络标准工作组，并于 2004 年成立了由海尔任秘书长单位的"e 家佳"联盟，目前联盟共拥有国内外成员单位 270 多家，涵盖了家电、通信、芯片、IT、建筑、集成、安防、音视频、网络运营等众多领域，联盟内部各品牌产品之间实现互联互通，为物联网的广泛应用提供了基础。另外，海尔 U-home 拥有强大的研发团队和世界一流实验室，是我国目前唯一的"数字化家电国家重点实验室"。早在 2006 年海尔就推出了 U-home 系列成套家电（图 4-1），通过整合计算机技术、网络通信技术和综合布线技术，将与家居生活相关的各个子系统有机结合。海尔 U-home 家电将远程遥控家居生活的智能化变成现实，实现了"家，随时在身边"的理想生活。

U-home 中的 U 是 ubiquitous 的简称，无处不在之意。U-home 是海尔集团在物联网时代推出的美好住居生

活解决方案。它采用有线和无线网络相结合的方式，把所有设备通过信息传感设备与网络连接，从而实现了"家庭小网""社区中网""世界大网"的物物互联，**通过物联网实现了 3C 产品、智能家居系统、安防系统等的智能化识别和管理，以及数字媒体信息的共享。**海尔 U-home 使您在世界的任何角落、任何时间，均可以通过打电话、发短信、上网等方式与家中的带电设备互动，畅享"安全、便利、舒适、愉悦"的高品质生活。

详细方案

（1）智慧物联，感知生活

凭借 U-home2.0 智慧物联核心技术，真正实现了智能安防、视频监控、可视对讲、智能门锁联动等各大子系统之间的互联互通、无缝对接。

（2）多屏合一，集中控制

凭借 U-home2.0 智慧物联核心技术，实现了手机屏、平板电脑屏、电脑屏、智能终端等多屏合一，通过任何一个屏都可实现对空调、热水器、地暖、灯光、窗帘等设备的监控。

（3）移动对讲，掌上操控

通过 U-home 客户端软件，智能手机、平板电脑可以作为可视对讲终端使用，实现移动可视对讲功能。

（4）智能感知，舒适尽享

系统能够自动检测环境的温度、湿度、空气质量，并自动开启空调、地暖、灯光等设备。

家庭物联以物联家电系统为依托，使系统从原来的单一控制改变为人与物、物与物的双向智慧对话（图 4-2），实现灯光、窗帘、家电、门锁等物物相关，为业主创造一个安全便利、舒适、愉悦的全新生活方式。

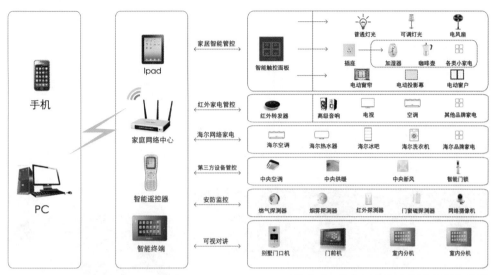

图4-2 海尔智慧家庭解决方案架构图

特色功能

（1）远程视频监控

身在外，业主可通过平板电脑、智能手机、电脑实现对家中的远程监控，随时随地了解家中情况（图4-3）。

图4-3 远程视频监控

（2）智能门锁联动

业主回家开门时，**系统自动执行回家模式**，安防系统自动进行安防撤防；家人回家开门时，系统自动将家人安全到家的信息发送到业主手机上，让业主更放心。

（3）移动可视对讲

家中有客来访，业主不仅可以通过玄关的智能终端对讲并开门，还可以通过平板电脑、智能手机、电视接听对讲并开门。

（4）多屏合一场景联动

智慧物联技术实现了电视、智能终端、平板电脑、智能手机多屏合一、移动控制；系统设置多种个性化"一键联动"场景模式，通过以上终端设备均可实现空调、地暖、安防等组合操控。

（5）设备智能管控

无论在家还是在外，随时随地通过手机、平板电脑及其他遥控设备对空调、地暖、新风、灯光、窗帘进行智能化管控。

U+ 智慧生活操作系统

2014 年柏林国际电子消费品展览会（Internationale Funkausstellung Berlin，IFA），在德国柏林展览中心拉开帷幕。中国白色家电品牌的领导者海尔，此次携带全套智能互连新产品亮相 IFA 展，并发布全球首次实现家电"智能互联"的 U+ 智慧生活操作系统（图4-4），一出场就成为媒体的焦点，可谓惊艳问世。

图 4-4　海尔 U+ 智慧生活操作系统

U+ 智慧生活操作系统是全球第一个智慧生活操作系统，是以 U+ 智慧家庭互联平台、U+ 云服务平台以及 U+ 大数据分析平台为技术支撑，运行在智慧家居核心管理设备，涵盖全套智慧生活解决方案。

从标准、产品、平台到人，U+ 实现的是全行业的开放，通过开放的 SDK、API，任意品牌的家居设备、服务都可以在 U+ 智慧生活操作系统上运行（图4-5）。同时创客、极客及各种服务资源等也可以通过开放的系统标准接口，开发出满足用户需求的软件和服务。与不同的云服务资源进行对接，最终提供给用户满足不同需求的智慧生活解决方案。

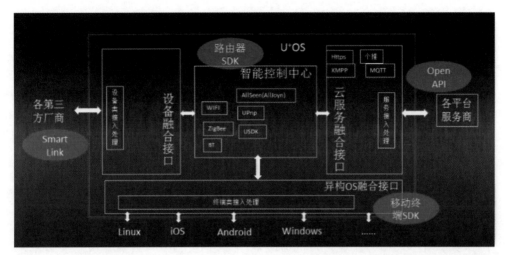

图 4-5　U+ 智慧生活开放平台框架

（1）创新设计特点

1）海尔智慧家庭解决方案把用户和厂商统一到一个平台。U+ 提供了技术规范，硬件文化，实现了产品、系统、服务之间互联互通，给用户解决了设备和服务之间的问题，供应商也可以通过平台开放的接口和云互联方式快速部署自己的产品。同时，U+ 也是一个完善的产业链，不仅给用户提供了完整的解决方案，也让企业与企业之间产生联系，相互之间提供定制化的服务。

2）引入人工智能的超级 APP。对于用户，U+ 智慧生活 APP 是定制智慧生活的集中入口，用户可以随时对自己的智能生活需求进行增减，随地对自己的智能家居进行控制。这款 APP 并不是简单的遥控式操控，它了解用户的喜好，主动为用户服务。为了使交互和服务的体验更加深入到用户生活中，U+ 引入人工智能机器人，从而使人机交互变得更加智能和人性化。

3）与之相匹配的场景设备。在中国家电博览会上，海尔围绕智慧生活，发布了海尔 U+ 开放平台构建下的洗护、用水、空气、美食、健康、安全、娱乐七大智慧生态圈，几乎涵盖了智能家居的方方面面。

（2）效果与应用

海尔智慧家庭解决方案围绕着安全、便利、舒适、愉悦四大生活主题，融合了安防报警、视频监控、可视对讲、灯光窗帘、家电管理、环境监测、背景音乐、家庭影院等功能模块，将家中的所有设备通过一个智能化平台管理起来。在 U+ 平台上，海尔已经将自家的冰箱、洗衣机等大小家电都互联了进来，产品品类总数已经大于 80 个，接入产品数量达百万级。

（3）总体评价

物联网技术和云计算技术日益成熟，海尔 U-home 智慧家庭解决方案基于此把所有设备连接，从而实现了"家庭小网"、"社区中网"、"世界大网"的物物互联；通过云计算技术提供的云服务，海尔 U-home 智慧家庭解决方案与不同资源对接，最终提供给用户满足不同需求的智慧生活解决方案（图4-6）。

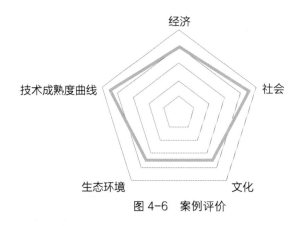

图 4-6　案例评价

4.2 咕咚智能手环

咕咚手环是首款基于百度云开发的便携式**可穿戴设备**，主打"运动状况提醒""睡眠监测""智能无声唤醒"三大功能。

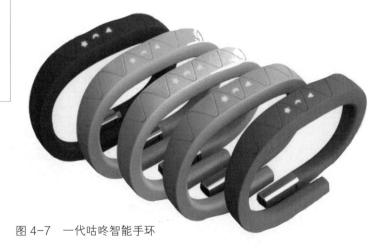

图4-7　一代咕咚智能手环

继一代咕咚智能手环（图4-7）问世后，最近乐动公司发布了二代咕咚智能手环（图4-8），在性能方面有着很

图 4-8　二代咕咚智能手环

大的提升。二代咕咚智能手环设计风格源于古希腊配饰灵感，线条简约流畅，有晶莹粉、烟墨黑和雾面蓝三色可选。

手环正面配备点阵式 LED 显示屏，以酷炫的 LED 点阵图案显示当前时间、运动模式和运动数据，用户可以随时掌控自身状态，自由调节工作和运动比例。这款手环提供了更自由的数据交互方式——蓝牙 4.0 无线传输，可以和移动端实现快速匹配、快速通信，轻松完成数据上传。

二代咕咚智能手环防水级别达到 IPX 6，可以有效抵御雨水和汗液的侵蚀。同时内置震动提醒功能，不仅能睡眠唤醒，还能设置运动提醒，充分利用碎片化时间进行运动，为满负荷工作状态下的身体实现减压。

产品特点

（1）检测运动和睡眠情况

智能手环佩戴在手腕上（图 4-9），可以实时记录日常活动，运动步数、距离以及卡路里燃烧。在睡眠时监测睡眠质量，包括深睡、浅睡或是唤醒。它使用无线蓝牙数据传输，用户无须频繁取下它。

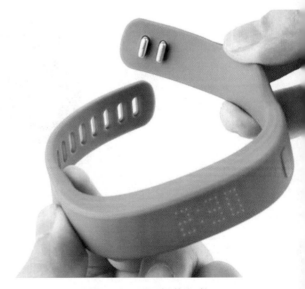

图 4-9　手环佩戴方式

根据手机或电脑上的睡眠图表分析，学习如何拥有一个
更好的睡眠质量。

深睡：

6h26min

浅睡：1h30min　唤醒：1h04min

图 4-10　起床提醒功能

（2）起床提醒功能

睡眠的时候戴上它，监测睡眠时长和质量。智能无声闹钟，在最适合的时刻
轻柔震动唤醒用户，而不会影响到周围的人（图 4-10）。

（3）久坐提醒，活动筋骨

定时提醒用户起来活动筋骨（图 4-11）。

定时提醒你起来活动筋骨，就算工作再忙，
也要当个健康达人！
有好的身体，才能完成更出色的工作！

久坐提醒

闹铃设置

使用指南

图 4-11　久坐提醒

（1）创新设计特点

1）咕咚智能手环是国内首款穿戴式设备，可记录消耗卡路里、行走距离等，并能通过与百度云结合，将相关数据实时上传并分享到便携式设备上。

2）咕咚手环能支持运动提醒，可通过记录睡眠，在最理想的时刻将佩戴者唤醒。

3）采用整体成型的工艺，保证了手环的整体感和视觉效果。

（2）效果与应用

咕咚网成立于 2010 年，刚开始从社交运动社区和运动硬件切入创业，在 2013 年转型成为运动智能可穿戴设备厂商。截至 2013 年 12 月，咕咚网的移动应用咕咚运动用户覆盖已达到 1000 万，覆盖 54 个国家和地区。

（3）总体评价

随着现代社会对健康日益重视，咕咚智能手环运用可穿戴技术，记录用户的运动步数、距离以及卡路里燃烧。在睡眠时监测睡眠质量，深睡、浅睡或是唤醒无线蓝牙数据传输，很好地满足了用户的需求（图 4-12）。

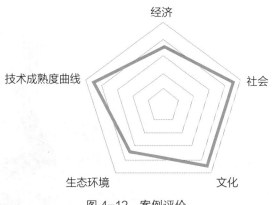

图 4-12　案例评价

4.3 联影高性能医疗设备

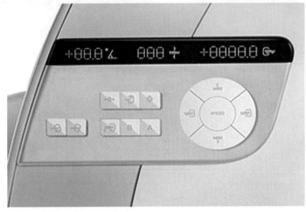

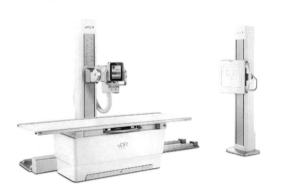

上海联影医疗科技有限公司（简称联影）是高端医疗设备和医疗信息化解决方案提供者。总部位于上海嘉定，研发中心辐射全球。根植中国，胸怀世界，通过自主创新为医疗机构提供涵盖影像诊断设备、放疗设备、服务培训、医疗 IT 的全方位医疗解决方案，普及高端医疗，提升服务价值。

联影自主研发、生产覆盖影像诊断和治疗全过程的高端医疗产品，并提供创新的医疗信息化解决方案。

诊断

联影自主研发生产全线高端医疗影像产品。联影的计算机断层扫描仪（CT）、分子影像（MI）、磁共振（MR）、X 射线（X-ray）产品拥有高清影像质量、低剂量技术和高效工作流，助力医生高效、精准、轻松诊断，帮助患者提前预知病变，及时有效治疗。

治疗

结合自身强大的影像技术研发实力，联影自主研发生产高端放疗（RT）设备，提供实时高清图像引导的全方位放疗技术解决方案，实现细微病变精准治疗、非病变组织低损伤，提高诊疗水平。

医疗信息化

联影针对区域医疗资源分布不均衡的问题提供创新的医疗信息化解决方案（HSW）。通过区域互联实现远程诊断、远程培训和维护，有效整合医疗资源，提高就医效率与就医质量，扩大就医范围。

联影的四大核心竞争力

研发实力　平台实力　前瞻研究　设计创新

图 4-13　联影技术人才

研发实力

凝聚精英才智与创新激情，联影研发中心辐射全球，牢牢掌握核心技术，并与医院、科研院所共建"产学研医"合作平台与协同创新体系，培养复合型科研人才（图 4-13），引领行业进步。

平台实力

依托雄厚的人才优势，联影开创业内独有的四大平台：硬件平台、软件平台、服务平台、产学研医协同创新平台，强化基础共性技术研发，整合资源与创新优势，联合保证联影全线产品的卓越品质。

前瞻研究

联影研究院放眼未来，汇聚全球顶尖人才，与中国科学院上海高等研究院、中国科学院深圳先进技术研究院等科研院所紧密合作，在中国上海、深圳等地设立研发中心，致力于行业前瞻性技术研究，与各事业部强强互补、交互并行，形成持续领先的创新研发模式。

设计创新

联影设计创新中心以设计为起点，建立连接各学科的桥梁，寻找跨学科、跨行业的发力点，用设计平衡矛盾，解决问题，催生联动，创造价值。为联影的科技创新提供设计创新原动力，推动高端医疗设备产业"中国创造"的崛起。

2014 年 iF 设计奖，德国组委会共收到来自全世界 55 个国家的 4615 件作品，联影自主研发、设计的 uDR 770i、uDR 580i（图 4-14）两款数字化 X 射线产品凭借突出的跨界创新优势、工艺水平和"情感化"设计理念从中脱颖而出，并一举囊括 DR 产品线的全部奖项。联影此次斩获 iF 设计大奖，是国产大型医疗设备首度荣获该国际设计大奖，标志着中国高端医疗产业的自主创新设计正式登上世界舞台。

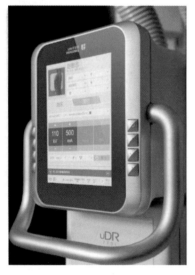

图 4-14　联影自主研发、设计的两款数字化 X 射线产品
左图：uDR 770i；右图：uDR 580i

自动化机电系统，智能化管理软件，让工作得心应手。硬件上，拥有 uDR 580i 双向随动、uDR 770i 全自动机架；超大尺寸"智感"触控屏；多语种语音提示系统；uDR 770i 无线遥控器、uDR 580i 移动平板探测器。软件上，一站式工作站集成了从患者登记、图像采集、浏览打印与图像确认，完成全部的临床医疗工作，降低医疗成本；采用 uExceedTM 智能软件平台，多患者同时管理、记忆使用习惯、智能调整临床检查协议和参数，提高医疗质量与工作效率（图 4-15）。

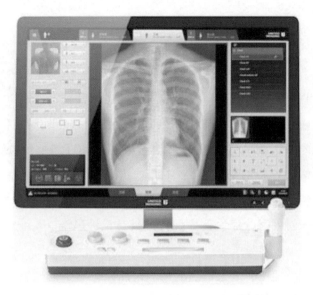

图 4-15　uExceedTM 智能软件平台

联影各产品线由尖端软硬件强势匹配，打造卓越影像链，确保精准图像，使诊断更轻松。

顶级硬件配合尖端技术，成就 uCT S-160 卓越影像链（图 4-16），为实现 3D 立体等像素超高清成像、降低辐射剂量和运行成本提供坚实保障。

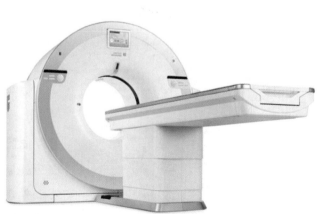

图 4-16　uCT S-160：首台立体等像素 16 层 CT

联影 uCT S-160 采取了以下创新设计：

打造占地面积更小的 CT：精益设计，让大设备轻"装"上阵

轻量化不是简单的零件组合，而是涵盖智慧外观、创新材料、精益结构和能效优化的综合性设计理念。联影 uCT S-160 通过精益系统架构和结构设计将内部工程结构极致压缩，利用极简线条、亚克力配材、银白配色为其锻造轻薄外观，使设备无论在物理空间、视觉空间都尽显迷你，开创大型医疗设备小型化的精益设计风潮。

"全知全能"DDP，为检查的每一段旅程精心护航

透过一面智能 DDP（Debug Detect Percent，缺陷探测率），联影 uCT S-160 将这一切——患者信息、当前呼吸门控、心电门控、扫描协议、检查床出入、曝光状态等直观显现，帮助操作者全程掌控患者生理信号及设备运行状态，创造独一无二的安心诊疗体验。

白瓷按键，时光打磨不去的光彩

联影 uCT S-160 大胆跨界，首次在大型医疗设备领域引入模内镶件注塑（In Molding Label，IML）工艺技术，赋予其控制按键白瓷般细腻通透的质感，同时永久耐磨。背透特殊订制的科技冰蓝字体光，操作者可于点按间轻松、愉悦地获取信息。

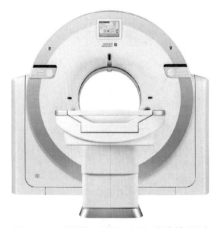

图 4-17　联影 uCT S-160 的流线设计

床底防触碰物理感应面板，以人为本，毫厘必争

领先科技以人为本。创造更安全、更可靠、更富丰沛情感的诊疗体验，我们毫厘必争，从未止步。联影 uCT S-160 的整体外观如图 4-16 所示，其床板底部独具匠心的整块防触碰物理感应面板装置，帮助检查床在遇异物干扰时即刻停止运动，有效杜绝安全隐患，保护设备运转。此外，联影 uCT S-160 以环状结构及无处不在的流线设计寓意美满稳定、生命不息，如图 4-17。

联影用心感知客户需求，不断超越客户期望，构建贴心的客户关爱服务体系。**依托云技术，联影悉心打造客户服务"云"平台**，通过增值型服务持续为客户创造价值。

联影以核心技术创新为核心，搭建了一个由核心技术创新、前瞻技术创新、设计创新、管理创新、产学研医协同创新、服务创新与商业模式创新组成的创新矩阵。其中，设计创新扮演着至关重要的角色，但长久以来并未在中国大型医疗设备行业得到应有的重视。

案例评价

（1）创新设计特点

1）卓越的质量。以联影的 96 环超清高速 PET-CT 为例，这种产品比现有的 52 环扫描视野更大，细节看得更清楚，完成检查只需 8 分钟，较以往减少一半，且病人所需注射的含有放射性元素的显影剂只要平常剂量的一半，将此类显影剂对人体的伤害大大减少。

2）情感化的外观。联影的高性能 1.5T 磁共振系统——联影 uMR560 在外观上就像一架高速运转的未来太空船，其紧凑、不规则的轮廓，简洁、精湛的比例，非凡、强劲的运动曲线，都赋予了该设备充满力量的速度感与极富想象力的未来感。

3）人性化的用户体验。联影的产品设计非常人性化，其悬吊式数字 X 光机可 360°无死角旋转移动，病人不需要变换姿势就可完成多处检查；移动式数字 X 光机可轻松推入病床，为移动不便的病人做检查；为了缓解病人检查时的紧张情绪，96 环超清高速 PET-CT 创造性地在扫描孔径内配备了环境光，而呼吸导航指示灯则将患者的呼吸视觉化，可让医护人员更直观地指导患者调整呼吸频率，从而使扫描更高效地完成。

（2）效果与应用

　　联影推出市场的1.5T超导MR、16层CT、悬吊数字DR等均为自主研发，其中，联影96环超清高速PET-CT为世界首创。2014年9月11日，联影自主研发、配备双位数射频通道的高性能1.5T磁共振系统——联影uMR560经全球顶尖认证机构南德意志集团权威评测，通过CE认证并获颁证书。经过前期的研发准备，联影的产品从2014年开始推向市场，截至2014年9月，联影全线产品已拥有广泛的市场基础，并已进入国内一流三甲医院，完成了6亿元人民币的销售额。

（3）总体评价

　　目前，大型医疗设备设计创新发展与医疗科技发展速度不对称，不同行业的设计创新发展水平不对称。这两个"不对称"为联影提供了创新的突破口。联影借鉴与运用跨行业先进的设计理念、设计实践与成熟技术，为大型医疗设备的设计创新注入新的活力（图4-18）。

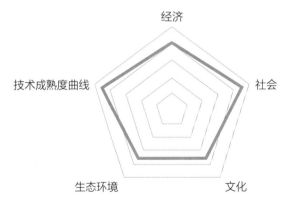

图4-18　案例评价

4.4 四维交通指数

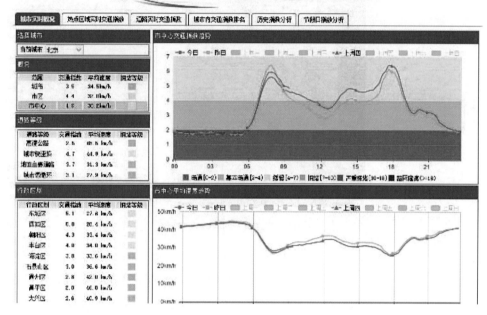

数据为王-全国最大的实时交通信息服务中心

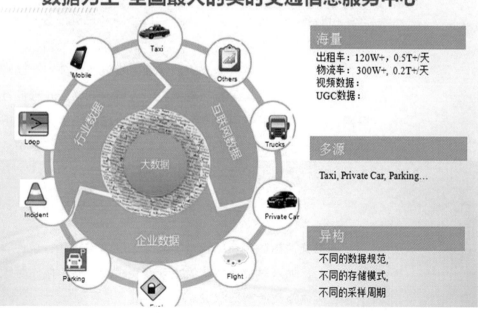

海量

出租车：120W+，0.5T+/天
物流车：300W+，0.2T+/天
视频数据：
UGC数据：

多源

Taxi, Private Car, Parking...

异构

不同的数据规范，
不同的存储模式，
不同的采样周期

2014 年 9 月 17 日，北京四维图新科技股份有限公司（简称四维图新）正式对外发布交通信息大数据产品"四维交通指数"（图 4-19）。

图 4-19　四维交通指数发布会

北京四维图新科技股份有限公司是中国领先的数字地图内容、车联网及动态交通信息服务、行业应用解决方案提供商，始终致力于为全球客户提供专业化、高品质的地理信息产品和服务。经过十年多的发展，四维图新已经成为拥有 8 家全资、6 家控股、5 家参股公司的大型集团化股份制企业。作为全球第四大、中国最大的数字地图提供商，公司产品和服务充分满足了汽车导航、消费电子导航、互联网和移动互联网、政府及企业应用等各行所需。在全球市场中，四维图新品牌的数字地图、动态交通信息和车联网服务已经获得众多客户的广泛认可和行业的高度肯定。

四维交通
指数是什么

四维交通指数是在结合道路实际速度及道路通行条件等的基础上，加入对交通拥堵的主观感受程度，并用概念性数值来表达道路交通运行状况。

四维交通指数以5分钟为计算单位，将交通指数分为6个等级（表4-1），可以实时反映路网运行状态，数值越大，道路越拥堵。同时，还可以直观了解通勤早晚高峰、节假日、重大活动等特殊时间周期不同时间段路网运行情况。

表4-1	四维交通指数等级划分标准					
指数区间	0~2	2~4	4~7	7~10	10~18	>18
指数等级	畅通	基本畅通	轻度拥堵或缓慢	拥堵	严重拥堵	路网瘫痪
运行状况	交通运行状况良好，车速高，基本无拥堵	交通运行状况较好，车速较高，只有较小比例道路拥堵	交通运行状况一般，车速缓慢，有一定比例道路拥堵	交通运行状况较差，车速不高，有较大比例道路拥堵	交通运行状况很差，车速很低甚至阻塞停驶，道路拥堵比例很高	交通运行状况非常差，出现大面积道路阻塞，车辆停驶比例显著

教你看懂
四维交通指数

1. 以端午节为例

　　图4-20是2013年和2014年端午节三天假期平均每日的道路指数。

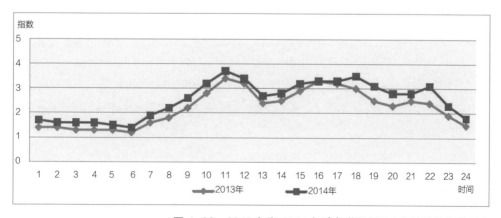

图4-20　2013年和2014年端午节放假24小时平均指数对比

从图 4-20 中可以看出：

1）2013 年和 2014 年端午节人们出行规律非常类似，3 天的指数变化曲线趋势基本一致；

2）明显差异是：2014 年 5 月 31 日 21 点左右以及 6 月 1 日 16~17 点北京出现的强降雨，造成 2014 年端午节平均指数上升。

2. 以学生开学为例

图 4-21 是 2014 年 9 月 1 日开学前后的道路指数。

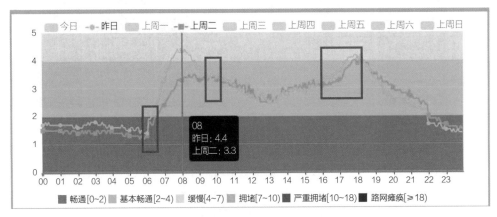

图 4-21　2014 年 9 月 2 日（周二）和 8 月 26 日（周二）平均指数对比
（9 月 2 日为蓝色指数线；8 月 26 日为绿色指数线）

从图 4-21 中可以看出：

1）早高峰：9 月 2 日（开学后）和 8 月 26 日（开学前），从 6 点开始交通指数上升，明显差异是在 6 点 ~9 点半时间段，9 月 2 日的指数明显高于 8 月 26 日，在早上 8 点达到拥堵最高值，平均交通指数是 4.4。

2）晚高峰：9 月 2 日和 8 月 26 日在 16 点 ~18 点时间段内交通指数上升，9 月 2 日的交通指数都略高于 8 月 26 日。

懂四维交通
指数有什么用

使用者可以通过多种方式获得四维交通指数，包括：官方网站、外网调用、APP、微信服务号、指数报告等，用途如下：

① 四维交通指数可为出行者量身定制出行指导参考，包括出行时间选择、路径规划，判断交通状况的"晴雨表"。

② 政策制定者，如交通管理部门，在制定治堵政策及采取相应措施时，可以借此得到有数字交通信息大数据支撑的有效方案。交通指数作为评价路网服务水平的重要指标、制定治堵政策的评价指标，对交通管理部门的科学决策具有一定指导作用。

③ 基于历史交通指数，也可以从不同维度分析过去一段时间交通状况的变化，如历史指数变化（月、周变化）、拥堵区域变化、拥堵路段变化等，从而为交通政府部门提供决策支持。

四维图新在中国首次提出了面向驾驶者的全国交通指数，通过关联大数据技术和公众的驾车感受，建立了交通拥堵状态的量化指标，以一种十分直观的方式为公众提供智能出行信息服务，帮助用户根据实时的交通信息调整自己的出行计划。目前已覆盖包括北京、上海、深圳和杭州在内的全国 27 个大中城市，预计未来会以每年 6~10 个城市的速度进行服务的拓展，基本实现 3 年内覆盖 50 个城市的计划。

此次推出的四维指数系列产品有：四维交通指数 APP、路况交通眼 APP、交通眼微信服务号以及四维交通指数官方网站。

四维交通指数 APP（图 4-22）是一款类似 $PM_{2.5}$ 空气质量指数的产品，公众下载到手机端后可以查看全国主要

图 4-22　四维交通指数 APP

城市的实时交通情况，也可以看到热点区域、主要道路的实时和历史交通指数。

路况交通眼 APP 是四维图新已经推出的一款专业的交通信息服务软件，通过提供准确、及时的城市路况信息、城际路况信息、交通简易图信息、交通微博信息、交通指数，为公众的出行提供有价值的参考。

交通眼的微信服务号是四维图新推出的可以通过公众订阅提供交通信息、交通指数等功能服务；当天同步上线的"四维交通指数"官方网站（图 4-23），也已经推出六大功能，包括城市、热点区域和道路的实时交通指数查询，历史交通指数分析、节假日指数分析、城市内交通指数排名等。用户可通过访问官方网站，查询和了解详细的交通运行状况，后台的海量数据包及 API 接口也可以通过合作向政府和第三方提供。

图 4-23　"四维交通指数"官方网站

从技术角度看，实现海量数据的快速分析、过滤清洗，完成大数据的分析、处理、检索、查询、服务等都是技术难点，利用开源技术构建 PC 服务器集群，替代大型服务器解决方案，节省巨额成本，使得交通指数定制化方案的普及成为可能。

在数字地图领域，四维图新一直关注大数据时代地理信息数据的整合与发布，通过专注地理信息数据研发，建设地理信息数据云平台，持续深入挖掘数据背后的商业价值。四维图新数字地图已连续多年领航中国前装车载导航市场，获得宝马、大众、奔驰、通用、沃尔沃、福特、上汽、丰田、日产、现代、标致等主流车厂的订单；并通过合作共赢的商务模式在消费电子、互联网和移动互联网市场多年占据 50% 以上的市场份额，会聚了百度地图、搜狗地图、诺基亚地图、图吧地图、老虎地图、导航犬、天地图等上千家网站地图和众多手机地图品牌，每天通过各种载体访问公司地图数据的用户超过 1.5 亿。作为全球第三家、中国第一家通过 TS16949（国际汽车工业质量管理体系）认证的地图厂商，率先在中国推出行人导航地图产品，并已在语音导航、高精度导航、室内导航、三维导航等新领域实现了技术突破和产品成果化应用。2012 年成为目前全球唯一一家掌握 NDS（Numeric Data System，数字数据系统）标准格式编译技术，提供 NDS 导航地图数据的公司，在未来争取与国际主流车厂的合作中占据有利地位。

在动态交通信息服务领域，四维图新拥有中国覆盖最广、质量最高的服务体系，已建成北、上、广、深等 30 余个主要城市的服务网络，高品质服务已连续五年 7×24 小时可靠运营。凭借在技术和市场的领先优势，依托全国最大浮动车数据平台，集成海量动态交通数据，四维图新可提供交通拥堵、交通事件、交通预测、动态停车场、动态航班信息等丰富的智能出行信息服务，成功服务 2008 年北京奥运会和 2010 年上海世博会，成为中国动态导航时代的领跑者。

在车联网服务领域，公司建立了面向乘用车和商用车的车联网应用服务体系，致力于成为国际级 Telematics[1] 解决方案提供商及国

---

[1] Telematics 是远距离通信的电信（Telecommunications）与信息科学（Informatics）的合成词，按字面可定义为通过内置在汽车、航空、船舶、火车等运输工具上的计算机系统、无线通信技术、卫星导航装置、交换文字、语音等信息的互联网技术而提供信息的服务系统。

内领先的 Telematics 服务运营商，全面参与车联网和 Telematics 的市场竞争。2011 年，公司率先在国内推出品牌"趣驾"，依托模块化车联网服务云平台，为客户量身定制平台搭建、内容管理、导航服务、车联网运维及一站式服务解决方案，推动公司由内容提供商向内容和服务提供商转变。目前，公司已经或即将为丰田、奥迪、大众、沃尔沃、长城等国内外主流车厂的车联网项目提供服务，并已在 2012 年宝马智能驾驶控制系统（iDrive III）中搭载了"趣驾"的部分功能，这是四维图新车联网服务商用化的重要里程碑。

依托北京、上海、西安、沈阳四大研发中心，全国 35 个本地化数据实地采集和技术服务基地，四维图新通过不断自主研发和创新，开发了具有 100% 自主知识产权的核心技术和工具软件，截至 2012 年年底，已独立承担和参与 30 余项国家导航标准的编制，申请专利 292 项，已授权 63 项，申报软件著作权登记 168 项，国家产业化专项 3 个、"863"专项 2 个和"核高基"专项 1 个。经过十年的努力，四维图新已经成为具有现代企业治理结构的多元股份制公司，逐步构建了适应国际竞争的企业管理制度和人力资源管理体系，公司的管理一直与最高水准的国际性企业对标，并通过上市实现了企业管理上的全面提升。未来，公司将紧紧围绕国家战略性新兴产业的发展机遇，通过打造国内最好的综合地理信息云平台，进一步巩固在行业内的领先地位，借助现有优势快速获取核心技术，形成层次分明、布局合理和可持续发展的公司业务组合，谋取在地理信息服务领域的领先地位；并通过抓住物联网、新能源汽车、北斗导航系统等新兴产业的发展机遇，成为具有国际竞争力、国内最优秀的综合地理信息服务商。

经过多年的行业积累，四维图新还可提供满足政府及企业 GIS 项目开发的基础数据、影像和数字地图的二次开发或行业定制开发、物流监控及追踪定位等服务。包括：地图及遥感影像数据销售，基于影像和数字地图做三维的二次开发或者行业定制的开发、监控及定位服务等。

（1）创新设计特点

1）海量交通数据源和高精度地图数据。四维图新拥有海量的涵盖全国的动态交通和地图数据，约为每天数百吉字节（GB），在对道路实际速度和通行条件的分析的基础上，评估出具体指数。

2）大数据分析技术。四维图新在技术上实现了海量数据的快速分析、过滤清洗，完成大数据的分析、处理、检索、查询和服务等，利用开源技术构建 PC 服务器集群，替代大型服务器解决方案，节省巨额成本，使得交通指数定制化方案的普及成为可能。

（2）效果与应用

自从 2014 年 9 月四维图新推出大数据产品"四维交通指数"以来，已先后多次对产品形态进行了丰富和更新。目前，四维交通指数已经具备官方网站（Web 端）、微信服务号（交通眼）、《四维交通指数季度分析报告》和手机客户端等多个发布渠道，使用户能够方便快捷地随时随地查看到四维交通指数，为移动互联网时代的用户提供更加准确且丰富的出行建议，同时也可以为政府管理和企业开发提供参考。

（3）总体评价

四维图新将交通信息的大数据挖掘技术与公众的驾车感受建立起定量关联，在中国第一个发布面向驾驶者的全国交通指数，通过建立交通拥堵状态的量化指标，使得公众可以像获取 $PM_{2.5}$ 的空气质量指数一样直观地获取交通信息，及时调整自己的出行计划（图 4-24）。

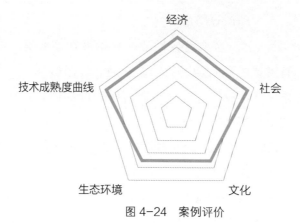

图 4-24　案例评价

CHAPTER FIVE ｜ 第五章
新奇交互案例

5.1 Perception Neuron
动作捕捉系统

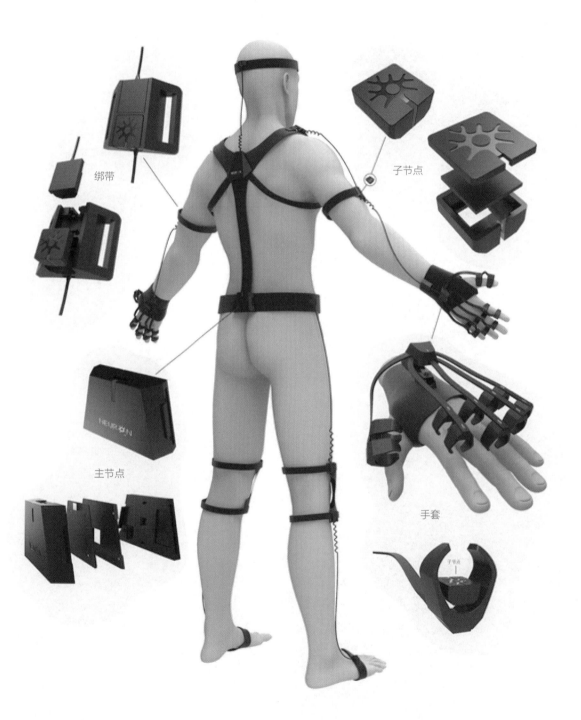

绑带

子节点

主节点

手套

北京诺亦腾科技有限公司（简称诺亦腾）是一家在动作捕捉领域具有国际竞争力的公司。公司核心团队由多名海外留学归国人员组成，具有世界级研发能力，研究领域涉及传感器、模态识别、运动科学、有限元分析、生物力学以及虚拟现实等。通过多学科知识交叉融合，公司开发了具有国际领先水平的基于 MEMS 惯性传感器的动作捕捉技术，并在此基础上形成了一系列具有完全自主知识产权的低成本、高精度动作捕捉产品。已经成功应用于动画与游戏制作、体育训练、医疗诊断、虚拟现实以及机器人

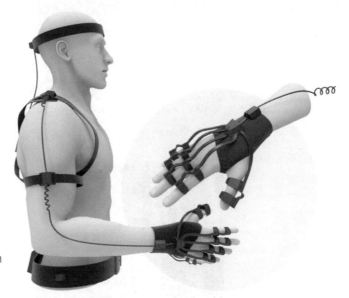

图 5-1　Perception Neuron
原理图

等领域，并得到全球业内的高度认可。诺亦腾的英文名称"Noitom"是英文"运动"（Motion）单词的倒序拼写，代表了公司目标：颠覆运动捕捉行业格局。

诺亦腾现在对外公布的产品主要有两个，一个是基于惯性传感器的全身动作捕捉系统，一个是高精准高尔夫挥杆电子分析仪 mySwing（挥杆宝）。

在 Kickstarter 上众筹的 Perception Neuron（简称 Neuron）

（图 5-1）包含了多个**传感器**节点，每个传感器都只有指甲盖大小，仅有几克，上面包含了 9 轴传感器（重力感应器、

加速度计、电子罗盘），结合校准与数据融合算法，可以**精确计算出姿态数据**，并**将姿态数据实时同步到计算机软件**中（图 5-2），最终计算完成身体的 3D 动作。

Perception Neuron 之所以能引起轰动，诺亦腾首席技术官戴若犁博士也总结了几个原因：首先是价格低廉，10 个节点的套件是 200 美元，20 个节点的套件是 375 美元，30 个节点的套件也只要 550 美元，真正将动作捕捉设备做到了消费级，开发者、小的影视团队都可以负担得起。其次是结构化模块化，既可以用 1 个模块，也可以用 30 个模块，Neuron 有三个建议套装，10 个节点的套件可以精准模拟一条手臂或者没有手指的上半身；20 个节点的套件可以模拟两条手臂或者没有手指的全身；30 个节点的套件可以模拟包括手指的全身，节点越多，可模拟的范围就越大，动作精度也越高（图 5-3）。

诺亦腾现在已经和众多国际知名企业、好莱坞著名特

图 5-2　无线传递数据

Adaptive
1到30个传感器灵活配置

图 5-3　传感器灵活
配置

效公司 TNG Visual Effects、游戏公司 Unity Technologies
及国内外一些机构建立了合作，涉及影视、游戏、军事、
医疗、体育等，行业领域十分广泛。

　　而在 VR（虚拟现实）领域脑电波互动设计师将是把
这一技术打入民用领域的最后一个重要角色（图 5-4）。
这也是一个崭新的设计机遇，同时也面对着各种新的挑

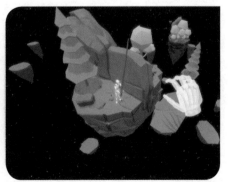

图 5-4　Perception Neuron 运用在游戏中

战。只要发挥创意，脑电波技术 VR 的应用领域将会十分广大。通过与多媒体的结合，它能把娱乐体验变得充满新意。VR 游戏设计师将是把这一技术打入民用领域的最后一个重要角色。

工作人员将 Perception Neuron 的原型——数个 Neuron 的传感器子节点绑在手上（图 5-5），然后电脑屏幕上就出现一个虚拟手掌，随着工作人员的手部动作而动作，十分灵敏，无论工作人员的手如何运动，屏幕上的虚拟手掌都能马上做出反应。它不光能够模拟手掌细微的偏转，而且还能完整模拟手掌和每一根手指的动作——剪刀手、兰花指等，都可以做出来。

实际上，在动作捕捉领域，模拟手部运动是一个难题。Neuron 能做到这一点，是因为诺亦腾新开发的传感器（图 5-6）非常小，面积为 1 平方厘米，重量仅为数克。Neuron 的子传感器节点不过 12 毫米 x12 毫米 x6 毫米大小，所以它可以绑在人的每个手指骨节上，检测人手指的动作；另外，它的无线数据主控节点大小也只是 59 毫米宽，23 毫米高。

图 5-5　佩戴 Neuron

这颗小小的芯片上，包含了 9 轴传感器（包括陀螺仪、加速度计以及电子罗盘），可以运算诺亦腾自主专利的校准与数据融合算法，从而得到精确的动作数据。规格上，Neuron 的陀螺仪角速度值为 −2000°~2000°、加速度量程为 +16~−16 克。

相比其他的动捕产品，Neuron 产品设计上更加偏重"实时性"，诺亦腾希望当人在做动作的时候，这个动作就能即时反映在屏幕上。根据官方在 Kickstarter 的回复，Neuron 的延时情况是这样的：从硬件到 PC，延迟为 10 毫秒；依据 PC 的运算性能，软件上延迟为 3~5 毫秒；图

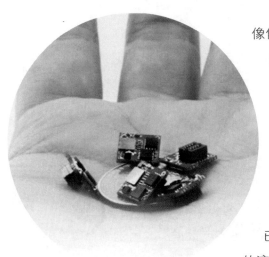

图 5-6 诺亦腾研发的传感器

像传输到不同的设备上，即便是性能一般的投影仪、电视机，也可以将整体延时控制在 30~60 毫秒。

从打开包装、穿上到用起来，Neuron 只需要 50 秒钟。为什么是 50 秒？因为这是电脑、游戏机等设备开机启动所需要的时间。诺亦腾希望在用户等待设备启动的时候，就能把 Neuron 穿戴完毕。另外诺亦腾已经准备好软件开发工具包（SDK），以及大量的演示和驱动，将以开源的形式放出给开发者。另外，诺亦腾会跟其他厂商进行深度合作，将为开发者推出一套解决方案，方便他们开发。

去年在 WE 大会上，有记者问戴若犁博士："虚拟现实技术（为何）至今没有普及？"当时他的回答是："核心原因还是价格太贵，包括周边硬件的支撑、整个系统的价格有很大的问题。"相信 Neuron 能够成为一种便宜、方便的虚拟现实交互解决方案。

案例评价

（1）创新设计特点

1）便捷。动作捕捉系统内设小巧又灵活的模拟神经元网络 Neuron，使用者可以将它们放在任何你想放的位置，无论是手上、身体上，或是其他物体，用起来相当轻便，不妨碍使用者做任何高难度的动作，得到的动作数据可通过 USB 接口或无线网络同步输入电脑。

2）价廉。真正将动作捕捉设备做到了消费级，开发者、玩家、小的影视团队都可以负担得起。

3）模块化。既可以用 1 个模块，也可以用 30 个模块，使用者可以根据自身需求随意组合。

4）诺亦腾拥有自主知识产权的校准与数据融合等核心算法。

（2）效果与应用

Perception Neuron 的用途很广泛，可用于各种不同应用中的视觉效果（VFX）领域，包括游戏互动、虚拟现实、动作分析、医药学分析和实时的舞台表演等。

（3）总体评价

通过运用建模与仿真技术、传感技术、通信技术，Perception Neuron 动作捕捉系统可以得到精确的动作数据，完成手部、身体等高难度的动作捕捉。Perception Neuron 传感器捕捉的数据通过 WIFI 将姿态数据实时同步到计算机软件中，最终计算完成身体的 3D 动作（图 5-7）。

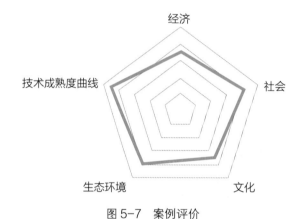

图 5-7　案例评价

5.2 G-Magic 虚拟现实交互系统

简介　　G-Magic 是曼恒公司的一个大型可支持多用户的沉浸式虚拟现实产品，能够为用户提供大范围视野的高分辨率及高质量的立体影像，让虚拟环境完全媲美真实世界。G-Magic 是虚拟现实平台集大成者，为客户带来了最全能型的虚拟现实系统。产品集合了 DVS（Design & Virtual Reality & Simulation，设计＆虚拟现实＆模拟）3D 软件平台、3D 素材库、6 自由度光学动作捕捉系统（图 5-8）、人机交互、PLC（Programmable Logic Controller，可编程逻辑控制器）电控技术、虚拟应用交互展示（图 5-9）等多项核心技术，最终为用户提供虚拟设计、虚拟装配、虚拟展示、虚拟训练等 3D 虚拟仿真技术服务的创新性产品。

图 5-8　动作捕捉系统

G-Magic 适用于高端制造、能源、国防军工、教育科研、生物医学、城市规划及建筑环艺等领域的虚拟仿真，同时为超精细画面等比展示、虚拟设计、方案评审、虚拟装配、虚拟实训等交互操作提供应用保障。

曼恒数字作为中国高端虚拟现实技术的领导者，专注于三维图形设计、虚拟和仿真技术产品的研发与推广。曼恒始终坚持自主产品的研发与技术创新，建立了规模逾百人的三维图形技术研究院，研发出多款首创性虚拟现实产品，为高端制造、能源、国防军工、教育科研、科普文博等领域提供产品及技术服务。

◆ 软硬件无缝升级，阶梯型功能扩展

G-Magic 产品软硬件采用标准化配置和创新一体化集成式箱体机械结构的模块化组合，通过预留标准接口实现产品模块的阶梯型功能扩展，用户可以按需组合，自由升级。高度集成的模块使得产品对房间环境的依赖不再苛刻，搬迁移动方便快捷，将 IM 产品的通用性和可重用性大大提高。G-Magic 产品集合了 3 通道 G-Powerwall 等比显示仿真系统、3 通道 G-Float 悬浮式虚拟仿真系统、4 通道洞穴式虚拟仿真系统、5 通道探索式虚拟仿真系统、6 通道全能型虚拟现实仿真系统所有的功能和特点。

图 5-9　虚拟现实交互系统

◆ 电控一键式变形，多功能多用途

G-Magic 拥有 6 块投影幕系统，当需要变为超大场景展示时，通过内置的进口电机控制，可实现一键式变形操作，地面幕布可由一变三、两侧投影系统可 180° 任意打开成需要的样式。一键式电控式机械结构，无须费力完成系统变形，让包容沉浸瞬间转变成为震撼的超大画面，体验魔术般虚拟现实的魅力。

◆ 业内首创专利多通道技术

曼恒自主研发虚拟现实平台 DVS3D 完美支撑 G-Magic 多通道立体显示。在 G-Magic 物理结构变形的同时，**DVS3D 软件进行自适应的分布式多通道画面同步，并能够实时定位眼部位置，快速、灵活地为观看者带来完整的虚拟视窗和沉浸式立体体验。**让 G-Magic 超越以往的所有虚拟现实环境，实现多通道画面的无缝拼接和完美融合，让虚拟世界的逼真度达到前所未有的高度，让观看者有身临其境的感受，人与虚拟世界的接触逼近真实，感受无与伦比的沉浸感，极大地提高了对虚拟世界的感知性（图 5-10）。

图 5-10　虚拟现实交互系统

◆ 无缝支持百余种 3D 应用程序

国内首家实现无须数据转换，无须额外虚拟现实软件，与客户 3D 建模程序无缝结合的技术，减少操作步骤和格式转换过程中的数据丢失或损坏问题。支持多通道的主被动立体显示，支持 100 多种三维格式，可完美读取常用三维工程绘图软件格式的模型（dxf、3dxml、obj、dae、3ds、stl 等），可以实时获取基于 OpenGL 应用程序的渲染数据、实现对模型的三维立体虚拟展示、装配管理、动画编辑和播放等功能。

◆ 多元外设支持，无须定制开发

提供虚拟现实外设网络（Virtual-Reality Peripheral Network，VRPN）和 TrackD 多元化虚拟外设接口，通过简单的参数配置，即可在硬件环境中实现 1:1 沉浸式立体体验，实现对多种设备无缝的接入和升级，无须定制开发直接可用的**虚拟外设交互**，进行漫游、拆装训练、测量、剖切等功能。支持面向对象的脚本系统，快速创建 3D 应用程序。支持的虚拟外设包括：鼠标、手柄、数据手套、动作捕捉系统、位置追踪系统、导航系统、力反馈操作器等。

◆ 模型库云服务，轻松定制

曼恒开发的 3D 内容素材库可以针对客户的行业为客户提供多达数万种 3D 模型数据的下载，让客户可以利用 GDI 云平台流畅的完成上传下载。该平台是一个提供第三方服务的电子商务平台，用户通过互联网可以访问服务器平台中的 3D 数字化素材库，利用 G-Magic 虚拟现实平台的浏览器进行自定义的虚拟现实应用及操作，进行 3D 数字内容的交互设计与展示。

G-Magic 通过场景模拟、布局设计、监控管理等功能，为企业提供直观、准确、实时的决策信息，是企业规划管理、安全生产的重要辅助工具。

1. 场景模拟

G-Magic 可用于各种危险工作场景的模拟，从而为管理者提供决策规划支持，如：电力场景、化工场景、建筑施工场景、海洋平台、航空航天场景等，是规划、安全生产的重要辅助决策工具（图 5-11）。

2. 布局设计

G-Magic 可以形象、直观、实时地展现视觉效果。快速布局方案：提供直观、准确、现势性强的现状资料，提升布局，设计和管理水平，实现布局高效合理。提供决策支持：布局可视化管理，为布局、设计和管理的重大问题决策，提供准确、实时的信息支撑及直观、真实的可视化和互动操作环境。

3. 监控

使用者以第三人称的方式，监控虚拟现实中所有的现实状态，实现产品信息交流和工作流程可视化，应用于工作场景监控、培训演练监控等，并进行虚拟物的监视与控制。

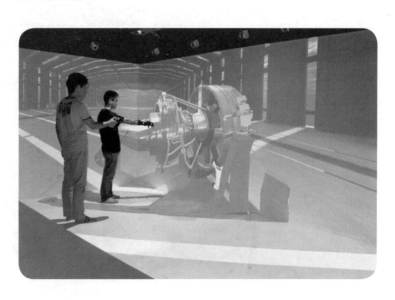

图 5-11 中航工业商发三维视景系统

G-Magic 应用于企业的设计研发阶段，驱动研发可持续性创新，缩短产品开发周期，节省研制成本。

1. 虚拟数字样机

G-Magic 虚拟现实产品可以实现实时获取和应用来自不同工业设计应用程序的数据和模型，数据真实无简化，1:1 数字样机的 3D 展示，用于各种类型设备三维模型的结构展示、原理展示、工作模拟展示。虚拟数字样机直接应用于现有工作流程。无须制造硬件样机，节约大量研发经费，缩短产品开发周期。

2. 设计方案评审

可以在 G-Magic 沉浸式环境中做大型复杂工程的规划、设计、管理（图 5-12）。评估和验证设计产品的可维护性和可操作性；在 G-Magic 中修改参数即可修改工业设计方案，加快设计修正效率；规避设计风险，基于真实数据建立的数字模型，严格遵循工业设计的标准；模型真实再现，漫游，人机交互，察觉设计缺陷，避免损失，提高设计评审质量。

图 5-12　虚拟现实船舶建造仿真实训系统

3. 人机验证

人机验证技术应用最广泛的就是产品设计中的可维修性验证。可维修性验证就是通过对设计好的设备数字模型进行可视化的分析和验证，同时根据预先制订的干涉规则，实现对检测到的故障数据加以判定，用于确认因为设计原因而产生的维修障碍。如核查能否到达操作位置、能否够到操作对象、是否存在可达路径、未操作时能否观测到零部件、操作过程中能否看到被操作物以及是否有足够的操作活动空间等。根据仿真分析结果和故障分析与评价结论，发现并确认维修性设计的薄弱环节。对影响较为严重的薄弱环节提出相应的设计修改建议，进而改进设计。

4. 二次开发

用户可以通过 G-Magic 沉浸式虚拟仿真系统产品结合虚拟现实开发平台软件 DVS3D 开发针对行业的特点和需求的专业方面的应用系统，如电力仿真培训系统、军事演练系统、数字化机房管理系统、船舶建造仿真实训系统等。

◇ **生产实验**

G-Magic 应用于企业的生产实验阶段，实现精益化生产和企业的可持续发展，缩短生产周期，节约成本，保障企业生产安全。

1. 虚拟生产

G-Magic 中虚拟现实模拟软件 DVS3D 和生产过程控制软件融合在一起，构成具有自动生成优化的生产工艺，识别在生产过程中因各种偏差所造成的后果等功能的智能技术，实现在大批量生产中取得保证产品质量和生产工艺流程的重现性，缩短生产周期等效果。某些生产过程是高危作业，G-Magic 可以将虚拟生产或虚拟制造与试验研究并行操作，是提高生产操作作业的安全性和生产水平的重要途径。

② 实验模拟

教学、科研研究、工业生产中需要进行各种各样的实验，某些实验具有高危性、高风险性、高昂代价等特点，依托于 G-Magic 来做实验模拟具备以下优势：

1）节省成本。通常我们由于设备、场地、经费等硬件的限制，许多实验都无法进行。而利用 G-Magic 虚拟现实系统，可以做各种物理实验、化学实验、生物医学实验、地理实验等，获得与真实实验一样的体会。应用于教学和工业生产，极大地节省了成本。

2）规避风险性。真实实验或操作往往会带来各种危险，利用虚拟现实技术进行虚拟实验。在虚拟实验环境中，可以放心地去做各种危险的实验。可免除因为操作失误而造成爆炸、危险气体泄漏等严重事故（图 5-13）。

3）优势资源共享。高价值的实验模拟可以重复借鉴使用，节约实验成本，提升教学质量和工业生产的发展。

4）实验趣味化。引导与培养实验人员，科学家在实验过程中激发出创造性思维，提高学生积极性。

5）彻底打破空间、时间的限制。利用虚拟现实技术，可以彻底打破时间与空间的限制。一些需要几十年甚至上百年才能观察的变化过程，通过虚拟现实技术，可以在很短的时间内实现。特别是在超微观的生物医学和超宏观的天文地理方面作用尤为突出。

图 5-13 广西大学无机化学虚拟仿真系统

◇**实操培训**

G-Magic 是一种新型虚拟实训技术，可应用于各行业的培训中，帮助企业提高培训效率，节省培训成本，为实现安全化、节约化、生态化培训提供重要保障，达到安全生产节能高效的目的。

1. 产品培训

基于 G-Magic 虚拟现实平台实现可视化虚拟产品培训，通过产品 3D 展示、360°旋转、内部结构展示、运行原理仿真、技术特点展示等做全面的产品培训。

2. 生产流程培训

各种工业生产工艺和生产线流程仿真，用于技能培训教学和生产线模拟监控。

3. 设计培训

仿真式学习和交互式 3D 培训，优势资源的共享。高价值工业工程技术模拟重复借鉴使用，同时节省教学过程中的设备、场地、经费等（图 5-14）。

4. 操作技能培训

利用 G-Magic 结合各种驾驶模拟器、飞行模拟器、航天模拟器、船舶轮机模拟器等进行操作技能的培训，有效解决了高等院校和部队教学训练中的难题，缩短了训练周期，提高了训练效益。

5. 装配培训

虚拟装配是虚拟现实的重要组成部分，在制造业显得尤为重要。利用 G-Magic 使用各类交互设备模拟对产品的零部件进行虚拟拆装、剖切显示、虚拟测量等操作，进行实时的碰撞检测、装配约束处理、装配路径与序列处理，可以大大减少制作等比模型所带来的成本和时间的损耗，极大地提高了设计生产效率。同时记录装配过程的信息，并生成评审报告、视频录像等供分析评审和培训使用。

6. 演练实训

G-Magic 沉浸式环境结合国外先进 6 自由度全身追踪定位技术、多感知全身交互技术对处于 G-Magic 虚拟

图 5-14　同济大学环境工程实验模拟仿真系统

环境内的操作者进行追踪和捕捉，并能够精确到对全身的运动进行追踪和动作行为捕捉，实现虚拟人在虚拟场景中做各种交互，进行虚拟演练培训和考核，从而让虚拟培训成为现实，让无法进行实战训练的特殊领域实现虚拟培训及教学。

◇**销售服务**

在营销推广阶段，G-Magic 让客户直观了解企业产品的功能及细节，能够使用户在交互式体验中产生消费动机。

1. 产品展示推广

用虚拟现实技术显示产品的立体效果，全面展示产品的每个细节。完美的画面，无限的分辨率，仿佛产品就在眼前。G-Magic 让商业产品的销售与服务都逐渐走向数字化，高效而又经济的信息传播特点提高了产品的竞争力。

2. 消费者参与品牌建设

利用 G-Magic 虚拟现实产品实现高端工业的 3D 体验式营销和市场活动。工业产品 3D 模拟直观形象展示，把设计师、工程师、营销经理、甚至消费者结合于一个新的"社会企业"中，转变"创新者与消费者创新"的方式。依托 G-Magic 虚拟现实平台把专业知识和 3D 逼真体验技术置于品牌、产品和消费者关系的核心。与消费者共

G-Magic 是目前国内一款适合高端工业仿真的虚拟现实产品。G-Magic 强大的物理实时计算功能，简便快捷的开发方式，成熟完善的功能定制，为广大工业仿真需求用户轻而易举将此前许多只能停留于想法的优秀互动仿真创意方案完美地呈现于眼前，为国内广大工业仿真用户带来了仿真手段和技术实现水平的革命性进步。

同发明的互动规则，通过多渠道让消费者情感体验更多地介入品牌世界。

③ 体验式营销

体验式营销，增加市场活动的互动性、趣味性。利用 G-Magic 可以快速准确地为客户配置方案或者客户自定制方案，并且可以让客户马上体验定制的方案，提高销售效率。

研究结果表明，G-Magic 虚拟仿真系统产品应用于企业运营的各个环节，可以节省原型样机费用，可以使开发周期缩短 30%~70%，设计更改减少 65%~90%，生产效率提高 20%~110%，整体质量提高 200%~600%，投资回报提高 20%~120%。

案例评价

（1）创新设计特点

1）高集成度。G-Magic 集合了 DVS3D 软件平台、3D 素材库、6 自由度光学动作捕捉系统、人机交互、虚拟应用交互展示等多项核心技术，智能布线、节能环保。

2）多通道技术，完美沉浸感。采用专利多通道技术，实现画面的无缝拼接和完美结合，呈现身临其境的 3D 沉浸感受。

3）支持多元外设和多种 3D 软件格式。3D 设计软件涉及各种品类，格式五花八门，DVS3D 可以兼容各种 3D 设计软件格式，还可以快速搭建场景，无须转换，极易上手。

4）业内首创专利多通道技术。曼恒自主研发的 DVS3D 虚拟现实软件平台，专利多通道技术，实现画面无缝拼接和完美融合。G-Magic 可进行自适应的分布式多通道画面同步，并实时定位眼部位置，带来完整的虚拟视窗和沉浸式体验。

（2）效果与应用

G-Magic 的企业客户超过 400 家，包括国家电网、中联重科、中航工业、中国商飞等大型企业。先后为中石化、华为、江苏电力、浙江大学、上海交通大学、武汉大学、同济大学等众多单位提供全方位技术解决方案。

（3）总体评价

G-Magic 虚拟现实交互系统是根据客户的业务需求编写功能模块，针对性强。同时基于三维图形实时渲染技术，创造逼真的三维空间环境，真实度高，交互性强。另外标准化的软件扩展接口支持与曼恒 IM 产品无缝衔接，后期可快速升级并运行在立体沉浸式环境中（图 5-15）。

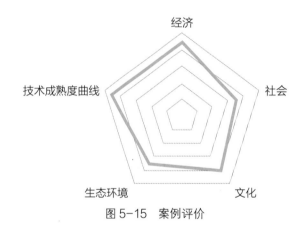

图 5-15　案例评价

5.3 流动数字博物馆

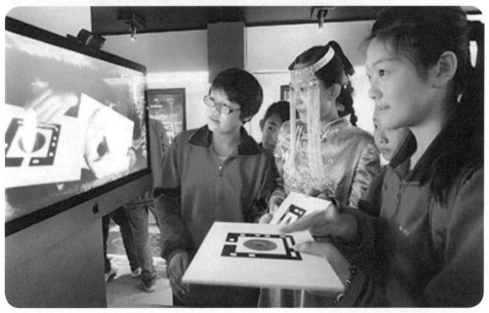

作为公共文化服务的中坚力量，博物馆肩负着提供多彩文化服务、满足公众文化需求、实现公众文化权益的重任。随着信息技术的发展，博物馆正在跨入数字化时代，这为提升公共文化服务水平提供了新的理念与形式。

中国少数民族地区最大的综合性博物馆——内蒙古博物院（图5-16），历时三年打造了中国首家全数字化、高集成度的流动博物馆，把历史文化送到基层百姓家门口。市民们可以通过指尖实现文物放大、翻转，与珍贵的文物零距离接触，"足不出户"尽享文化大餐。全数字化移动博物馆外表是大型厢式运输车，车高约4米，宽约2.6米，长约15米，车厢中分布着多块电子触摸屏，用于展示文物。

图5-16　内蒙古博物院

信息时代的到来，为博物馆事业的发展带来了机遇与变革。在传统的展示形式以外，博物馆可以应用数字技术建成流动数字博物馆，成为创新展示方式和增强传播能力的新引擎，通过"零距离触摸"的形式，让文物更加直观和生动，为观众带来了解历史文化的全新视角。

（1）形式新颖，激发观众参观兴趣

公众的需求是博物馆工作的出发点和落脚点。大多数观众都有着求异、求趣、求变的心理特征，如何抓住他们的好奇心，激发他们的求知欲，迎合他们的兴趣点，是博物馆文化传播制胜的关键。设计团队经过多次研究探讨，先后召开 6 次专家论证会，反复与技术公司沟通交流，2013 年 10 月，流动数字博物馆就在这样不断探索和实践的过程中诞生了。

在参观流动数字博物馆的观众中，有近 80% 的观众从未走进过博物馆，他们对自己生活的这片草原有着无限热爱，却没有机会、也没有意识去了解源远流长的草原文化。流动数字博物馆的展出拉近了观众与博物馆的距离，为他们了解历史文化提供了新的平台。展车中大量采用具有震撼视觉效果的触摸屏技术和可互动的 AR 增强现实技术（通过传感技术将虚拟图像"放置"在真实环境中），以文字、声音、图片、视频、3D 文物、人机互动设备等形式，全方位、立体化展现文物所承载的历史文化（图 5-17）。观众只要轻点手指就能任意角度的旋转、放大和缩小，让 3D 数字文物的细节分毫毕现。新颖的展示形式所带来的震撼与新奇激发了公众探知历史文化的热情，让文化可感、可知、可行、可融。

图 5-17 AR 增强现实技术在博物馆的应用

图 5-18　观众放大观看文物细节

（2）更新迅速，打破展览时空限制

实体博物馆以直观的实物展览为主要特色，却有着物理空间和更新速度的限制，观众也必须按照固有的路线走进展厅方可参观展览，这让想要一次性了解更多文物的观众感到遗憾。考虑到这些因素，设计人员不仅利用数字技术将展示空间最大化，还通过流动展车的形式让"展览跟着观众走"，观众不用隔着玻璃俯身观看，不必楼上楼下更换场地；数字技术放大了文物的真面目，观众更不用为看不到细节而感到遗憾（图 5-18）。很多观众都不敢想象 40 多平方米的车厢里能装载数百件大大小小的"文物"，仅仅通过几台计算机和触摸屏就能打开一个丰富多彩的展示空间，各种数字文物能快速变更重组，形成不同主题的数字化展览，不仅让观众一饱眼福，也实现了他们"零距离触摸"文物的梦想。据了解，内蒙古博物院经过两年多的探索与实践，先后对 1004 件馆藏文物进行三维数据采集及数字模型制作。

（3）操作便捷，杜绝文物安全隐患

传统的流动博物馆都是以展板、复制品或实体文物为展示主体，但展板平面展示有时欠缺立体感和生动性，一些大型文物复制品制作与运输都很不便。实体文物展出安全状况堪忧，在外展出的珍贵文物更是没有机会与基层百姓见面。流动数字博物馆解决了这些难题，工作人员对 1000 多件珍贵文物进行三维数据采集和数字模型建模，完成了对文物的数字化还原，并根据展出地区特点选择文物，或以文物年代为主线，或以文物功能来分类，或以某个墓葬遗址为主题，呈现出各种专题数字展览。展车中的 3D 高清数字文物，既保证了实体文物的安全性，又提高了珍贵文物的展出率，为公众提供了高质量的参观体验。

内蒙古自治区的部分旗县，特别是偏远的牧区和农村，公共文化服务的硬件建设滞后，分布不均，服务方式落后，很多人把公共文化简单地理解为看看演出或送送书报等，这些因素直接引发了文化服务产品供给不足的现象。流动数字博物馆调动了集中在城市的公共文化服务资源，把文化惠民的多样成果送到百姓身边。流动数字博物馆于2013年"国际博物馆日"在呼和浩特首次展出，之后陆续在内蒙古其他盟市开展了流动数字博物馆"进六区"（即进校区、进营区、进牧区、进农区、进社区和进革命老区）活动，累计展出130场，参与观众5万余人。流动数字博物馆以理念创新和科技创新彰显魅力，成为内蒙古博物院服务基层群众，落实文化惠民的重要举措，也成为满足公众精神文化需求，推动公共文化服务均等化的重要手段。

（1）走进中小学校——立体化的百科全书

流动数字博物馆巡展共走进33所中、小学校（图5-19），包括蒙古族学校、革命老区学校等，新颖的展示形式让历史文化更加直观、形象地呈现在青少年面前。博物馆丰富的教育资源、多样的教育形式，有效地弥补了家庭教育和学校教育的不足。数字技术让平日深藏在博物馆中的文物活了起来，也让我们看到学生们洋溢的笑脸和参观的热情。巨大的LED显示屏，灵活的触摸屏幕，形象的三维立体模型，都让孩子们直呼"太神奇了！"讲解员也从文物的发掘出土讲到艺术价值，从文物的历史背景讲到工艺特色，生动活泼的语言，富有亲和力的表情，启发诱导式的问答和丰富多彩

图5-19　数字博物馆走进中小学

的互动让孩子们在参观过程中获取了知识，也感受到古老文物与现代科技完美结合带来的新奇体验。

（2）走进农村牧区——历史与科技完美结合

农区和牧区是流动数字博物馆进"六区"的两个重要站点，从呼和浩特市、包头市周边的农村，到锡林郭勒盟、呼伦贝尔市的牧区，流动数字博物馆用新颖的展示形式、精美的数字文物、奇妙的人机互动，让农、牧民的文化生活更加丰富多彩。在新巴尔虎左旗的展出正赶上草原那达慕大会，除了参加骑马、摔跤、射箭比赛之外，又出现了一个新项目，就是参观流动数字博物馆（图5-20）。传统草原竞技与现代数字技术的相容，让那达慕的观赏性和参与性更强了。展出一开始，火爆程度一点也不亚于其他比赛项目，每块触摸屏前都围满了牧民，这样生动形象的展示带给牧民们奇妙的文化感观。展出过程中，牧民们说得最多的一个词就是"赛呐"（蒙语"很好"的意思），他们用最简单的话语表达了对流动数字博物馆的认可。

图 5-20　数字博物馆在那达慕大会上展出

（3）走进广场社区——家门口欣赏文物

傍晚时分的广场人潮涌动，最为热闹，暮色拉开了夜展的帷幕，古老文物和现代科技像磁场的两极，虽相距甚远却紧紧吸引，让展车显得越发神秘。短短几分钟的时间，市民就排起长龙，仿佛一支支弦上箭，就等一声令下冲上展车一饱眼福（图5-21）。走上展车后，市民的好奇心和求知欲瞬间爆棚，掀起一波波参观高峰，直到夜色已浓才不舍地缓缓离去。流动数字博物馆为当地市民的文化生活增添了新的色彩，也赢得了老百姓的广泛认可，持续升温

图 5-21 市民参展热情高涨

的参观热情让大家看到了数字技术的强大吸引力，也让我们看到了公众对触摸历史的渴望。

博物馆作为公共文化服务机构，有着丰富的历史文化资源和深厚的人文传统积淀，流动数字博物馆是实体博物馆顺应时代发展潮流的产物，更要充分发挥数字技术的优势，为公众提供更多内涵丰富、形式多样的文化产品，成为公共文化服务均等化中的新亮点，成为展示和传播民族历史文化的新载体。

案例评价

（1）创新设计特点

1）打破时空限制。流动数字博物馆突破了空间和时间的限制，能在任何范围、任何时间、任何地点向各阶层次的公众展示馆藏数字文物。其强大的存储能力可以一次性存储上千件数字文物，轻松地变换不同类型的展览。

2）丰富内容，表现生动。它能对原始三维数据和其他博物馆数字资源如文字、图像、声音等进行融合、整合、加工、提升，并运用数字科技和多媒体手段营造逼真、形象、生动的展示效果，使提供的知识、信息丰富多彩。

3）方便策划，易于实施。它能实现数字内容、展览主题等快速的更换，可以承接多种不同的展览任务。

4）多领域应用。由于数字文物具有非凡的互动性，没有物理空间的限制，它能够在不同的信息节点之间随意跳跃，无论是参观展览、欣赏藏品，还是浏览新闻、活动资讯或是参与学习讨论，都非常方便，有绝对的自主权。

5）一次投资，长期使用。由于展览内容可随意变更，也可以随时变更成为专题的政治、文化、教育的流动宣传车。

6）大幅提高文物安全性。由于无须带上实体文物做展示，文物仍然能够留在馆里，既能确保实体文物的安全，又能减少实体文物出展的费用。

（2）效果与应用

数字化流动博物馆先后走进了边防哨所、农村牧区，它的身影将频繁地出现在自治区的田野乡村、厂矿学校以及广大的边疆地区，加快文化共享，也将吸引更多游客前往内蒙古"感受"当地独特的历史文化魅力。在历时一个月的西部巡展中，用车辙在阿拉善盟、乌海市、鄂尔多斯市、包头市画出一条文化惠民风景线。

（3）总体评价

内蒙古博物院流动数字博物馆采用增强现实技术，以文字、声音、图片、视频及 3D 模型等形式全方位、立体性地展现文物所承载的历史文化，让 3D 数字文物的细节分毫毕现。千余件数字文物能快速变更重组，形成不同主题的数字化展览，为观众带来"身临其境"的感官体验。流动数字博物馆装载的是 3D 高清数字文物，既保证了实体文物的安全性，又提高了珍贵文物的展出率，即便是在交通不便的偏远地区，深藏在博物馆里的文物也能走到百姓的身边（图 5-22）。

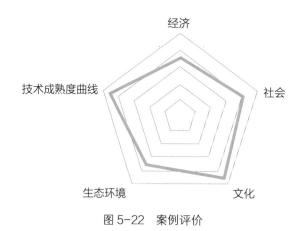

图 5-22　案例评价

5.4 BrainLink 意念力头箍

全家互动，其乐融融

60%
不要分心，继续深入！

解放双手，用脑波玩游戏
实现真正的意念玩法

80%
快达到目标，继续加油！

爱情无价，亲情有家
BrainLink给您一个更智能健康的脑波家庭

100%
冥想结束啦！

BrainLink 意念力头箍（图 5-23）是由深圳市宏智力科技有限公司专为 iOS 系统研发的配件产品，它是一个安全可靠、佩戴简易方便的头戴式脑电波传感器。

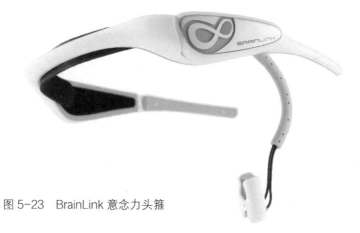

图 5-23 BrainLink 意念力头箍

BrainLink 意念力头箍是国内首个民用化的脑波穿戴式产品，采用了可拆卸设计，将传感器支架和核心处理模块分离，增加了支架配件的灵活度，比如，可以将核心模块接入瑜伽软带或运动帽等头戴服饰，配合不同头型，优化佩戴舒适度，适应更多的使用场景。同时产品上还配备一个叫 EmoLight 的智能感应灯，能判断佩戴者不同的大脑状态，显示不同颜色的灯光。

BrainLink 融入了现成的开发者生态体系，官方提供了 20 多款应用，主要针对儿童脑力的提升和城市白领的放松减压，是应用比较丰富的脑电波产品。

作为一款可佩戴式设备，它可以通过蓝牙无线连接手机、平板电脑、手提电脑、台式电脑或智能电视等终端设备。配合相应的应用软件就可以实现意念力互动操控。BrainLink 意念力头箍引用了国外先进的脑机接口技术，其独特的外观设计、强大的培训软件深受广大用户的喜爱。它能让手机或平板电脑及时了解到用户大脑状态，例如是否专注、紧张、放松或疲劳等。用户也可以通过主动调节自己的专注度和放松度来给予手机平板电脑指令，从而实现神奇的"意念力操控"（图 5-24）。

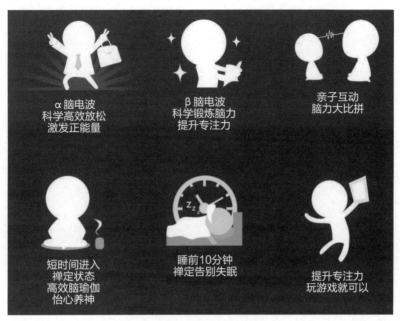

图 5-24　BrainLink 功能

核心功能　BrainLink 具有辅助进入深度放松和进行情商训练的功能。闲暇之余，还可以与家人朋友来一场互动比赛（图 5-25）。

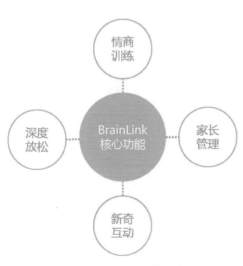

图 5-25　BrainLink 核心功能

辅助进入深度放松

一天的学习或工作结束后，回到家里，还是很难放松身心，紧绷的神经无法缓解，亚健康由此而生。

BrainLink 借助先进的生物反馈技术，可以迅速采集佩戴者当前的脑波信息，了解用户的紧张程度，借助 iOS 软件，通过引导，调解用户的脑波节奏，逐步达到深度放松状态。

目前我们所能接触到的自控力训练、情商训练，往往都无法得到提升结果的数据报表，由于不能看到确切的数据，所以很多情况下，都是靠感觉判断。这种感觉是不准确也没有科学依据和说服力的。因此，自控力、情绪控制能力的提升，在教育界，一直都是一个难题，因为它不像其他学科一样，有一个明确的判断标准。

针对这一困扰教育界已久的问题，宏智力科技结合当下最先进的生物反馈技术，将人脑专注、放松进行量化。通过技术升级简化，将医院里的脑电图搬到小小的 BrainLink 中，配以 iPhone、iPad 等 iOS 设备软件，用户可以直观地看到佩戴者的脑波变化情况，从而改善自控力差的状况（图5-26）。

闲暇之余可以和家人朋友一起，佩戴上 BrainLink，来一场与众不同的脑波较量，训练自控力之余，又给用户带来游戏的乐趣，并且适合一家人一起来体验，增进家长与孩子间的沟通。

传统的单机或网络游戏只能将用户工作的紧张疲惫带到游戏中，无法让用户得到彻底的放松，BrainLink 的新奇之处在于用户在娱乐的同时能够真正的休息，缓解紧张的压力，还可以和家人一起体验，其乐融融。

图5-27　儿童用脑波玩游戏

图5-26　观看脑电波变化

家长管理界面的主要功能包括：设置训练时间，让孩子实现真正的劳逸结合；设置密码，防止孩子更改训练的时间；连接宏智力云数据库，了解孩子在全国同龄儿童中训练成绩的排名；随时随地与好友分享孩子的训练结果。

检测脑电波的传感器技术早已在神经医学领域广泛使用，但是由于系统成本过高，还没有在民用领域广泛使用。加上传感器佩戴复杂，在一般大众推广的可能性就更小。然而，随着传感器技术和晶片技术的提高，脑电波感应设备得到很大程度的改良，其中体积的缩小更是意义重大。

这一技术是脑波传感技术上革命性的突破，为脑波生物反馈技术民用化打下基础。

宏智力科技与神念科技共同打造脑电波游戏。玩法设计十分直观和人性化，玩家只需通过集中或放松就能够准确地与游戏角色互动。

硬件上的改进无疑推动了脑波反馈技术进入大众家庭，然而还有一些技术难题（如数据传输、生物信号的过滤和脑波频段识别等）需要相应的软件解决。早在1924年科学家已经发现脑电波的特性和相应的波段变化规律。通过获得不同波段的成分组合，就能窥视判断人的心理状态，例如烦躁不安、疲倦、专注和放松等。

脑波耳机正是利用这一原理在游戏里实现意念控制。耳机的传感器提取皮肤表层的脑电波信号，然后过滤由于眨眼等产生的肌电噪声（EMG）信号获得纯正的脑电波信号，最后通过解析脑电波的频段和成分得出几个大家可以理解的量化指标，如专注力和放松力。当得到了这些量化指标后，设计师就可以设计各种互动体验，将脑电波反馈技术应用到日常生活中。

脑电波互动设计师将是把这一技术打入民用领域的最后一个重要角色。这也是一个崭新设计机遇，同时也面对各种新的挑战。只要发挥创意，脑电波技术的应用领域将会十分广大。通过与多媒体的结合，它能把娱乐体验变得充满新意。

案例评价

（1）创新设计特点

1）BrainLink 意念头箍内置 ThinkGear 芯片能够过滤干扰波，放大、转换脑电波，并通过软件将采集到的脑波信号形象生动化。

2）信号传输符合蓝牙 3.0 标准，支持智能手机、电脑、平板电脑等终端的设备。

（2）效果与应用

2013 年 1 月，BrainLink 意念头箍拿到了苹果的 MFI 认证，随后又通过美国的 FCC 认证、欧盟的 CE 认证。BrainLink 可用于提高孩子的专注力，促使孩子养成良好的学习习惯；也可通过专注训练帮助上班族放松心情，缓解压力。BrainLink 是国内公司研发的首款头戴式智能可穿戴设备，头箍从外观设计到用户体验，极大地满足了用户对高科技的渴望感。

（3）总体评价

BrainLink 的核心价值是将脑电反馈技术民用化，让一般大众从中受益，改善生活质量，建立健康的脑电波。人脑的活动与生活各个方面都息息相关，无论是学习、工作、社交、甚至是睡眠都需要适合的脑电波状态来达到最优质的表现。因此，民用级脑机接口技术将渗透到消费者生活的各个层面，并与其他的新兴行业，例如智能家居、物联网、云、车联网等结合，产生行业级的应用和生态体系（图 5-28）。

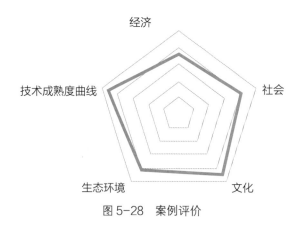

图 5-28　案例评价

CHAPTER SIX｜第六章
创新技术索引

6.1 机器学习技术

涉及案例

六足章鱼机器人

　　机器学习技术专门研究计算机怎样模拟或实现人类的学习行为，以获取新的知识或技能，重新组织已有的知识结构使之不断改善自身的性能，是一门交叉领域学科，涉及概率论、统计学、逼近论、凸分析、算法复杂度理论等多门学科。

　　机器学习技术是人工智能的核心，是使计算机具有智能的根本途径，其应用遍及人工智能的各个领域。

　　机器学习在人工智能的研究中具有十分重要的地位。一个不具有学习能力的智能系统难以称得上是一个真正的智能系统，但是以往的智能系统都普遍缺少学习的能力。例如：它们遇到错误时不能自我校正；不会通过经验改善自身的性能；不会自动获取和发现所需要的知识。它们的推理仅限于演绎而缺少归纳，因此至多只能够证明已存在事实、定理，而不能发现新的定理、定律和规则等。随着人工智能的深入发展，这些局限性表现得愈加突出。正是在这种情形下，机器学习逐渐成为人工智能研究的核心之一。它的应用已遍及人工智能的各个分支，如专家系统、自动推理、自然语言理解、模式识别、计算机视觉、智能机器人等领域。其中尤其典型的是专家系统中的知识获取瓶颈问题，人们一直在努力试图采用机器学习的方法加以克服。

　　机器学习的研究是根据生理学、认知科学等对人类学习机理的了解，建立人类学习过程的计算模型或认识模型，发展各种学习理论和学习方法，研究通用的学习算法并进行理论上的分析，建立面向任务的具有特定应用的学习系统。这些研究目标相互影响、相互促进。

6.2 通信技术

通信技术指射频识别（Radio Frequency IDentification，RFID）、近距离无线通信技术（Near Field Communication，NFC）、蓝牙、无线个域网（Zigbee）、Z-Wave 等多种具体的类型。它构建了设备间信息交流的渠道，为物联网、云计算、大数据等技术的发展提供了支撑，实现了设备的网络化、功能拓展、服务传递、学习能力等多种特征。

6.3 传感技术

传感技术同计算机技术与通信技术一起被称为信息技术的三大支柱。从物联网角度看，传感技术是衡量一个国家信息化程度的重要标志，第二届杭州物联网暨传感技术应用高峰论坛进一步加快促进了国际物联网倍感技术交流，推进我国传感器产业化快速发展。传感技术是关于从自然信源获取信息，并对之进行处理（变换）和识别的一门多学科交叉的现代科学与工程技术，它涉及传感器（又称换能器）、信息处理和识别的规划设计、开发、制/建造、测试、应用及评价改进等活动。

智能产品可通过传感器获取外界环境变化的信息，调整自身的状态，或做出相关反应。这种特点提升了产品的适应能力，保持产品功能的持续性，并能够在不同的条件实现产品相应的功能。近几年传感技术的发展取得了很多的进展，无线传感网络和 MEMS 传感器是其中的两个成果。MEMS 传感器是采用微电子和微机械加工技术制造出来的新型传感器。与传统的传感器相比，它具有体积小、重量轻、成本低、功耗低、可靠性高、适于批量化生产、易于集成和实现智能化的特点。它使传感技术的应用突破了多种限制，扩展了智能产品所涉及的领域。通过大量静止或移动的单个传感器以自组织和多跳的方式构成的无线传感网络拓展了传感器的能力范围，使传感器间达到协作，使智能产品的信息获取更灵敏、及时。

6.4　物联网技术

涉及案例　海尔智慧家庭解决方案

物联网是将任何物品按照约定的协议与互联网连接起来，达成物与物、物与服务、物与人之间的信息交换和通信，以实现智能识别、定位、跟踪、监控和管理的一种网络。它使智能产品、用户、环境协作和沟通，建立协调统一的功能集合，避免了产品功能之间的冲突和重复，极大地提升了效率，降低了成本。此外，物联网技术为用户数据和市场信息获取建立了实时、高效的渠道。用户在获得服务的同时，通过物联网不断地将信息反馈到市场，使其能及时掌握设计趋势和用户需求，不断调整产品和服务特性，并作出超前的预测和模拟。物联网还能够建立完善高效的实时感知和自组织能力，使智能制造系统的供应链管理、生产流程和工艺、设备监控和故障检测、效能管理等各个方面得到较大的优化。生产单元之间可以形成完善的信息链，支持生产模式由集中式向分布式的转换，实现设计和生产的联动。

6.5　云计算技术

涉及案例

海尔智慧家庭解决方案
华院数据大数据应用解决方案
四维交通指数
联影高性能医疗设备

　　云计算是通过网络提供可伸缩的分布式计算能力，通过这种方式，共享的软硬件资源和信息可以按需求提供给计算机和其他设备。利用云计算智能产品和服务可以极大地拓展其功能，用户可以通过云端实时获取最新的拓展功能，产品也可以根据需要适时地更新自身。通过云计算技术，服务可以跨平台地实现，用户的数据实时地传递给云端，通过云端对信息的整理和分析，多种形式的服务主动且具有针对性地送达给用户，使服务更易统筹和获得。

6.6 大数据技术

大数据是指规模巨大到难以通过常规方式在合理时间获取的信息。通过对数据的挖掘和积累，服务提供方可以获得比较准确的用户特征和偏好，使服务自主地辨识用户需求，提高服务与用户行为习惯的匹配度，为具体用户提供更具针对性的解决方案。同时，利用大数据还能进行宏观的调控，通过对时间和空间需求分布的分析，建立高效的服务机制，使有限的服务资源更有效地分配。

随着大数据和云计算等相关技术的日益成熟，基于大数据的用户知识生成、集成与应用也逐渐完善。通过对大数据的挖掘，预测将来用户的行为正在成为越来越现实的问题。

目前使用大数据技术的企业占比约为 20%，另有 37% 的企业正在筹划大数据项目，试图通过大数据分析的威力获得更高的企业洞察。

利用大数据和云计算进行趋势分析能够帮助企业对未来可能发生的事情进行预判和决策。单独的一两个设计并不一定能够实现商业化，但是利用技术，当所有人的设计和产品都在网上展示时，依据长尾理论，只要有很少一部分人喜欢产品，仍有可能获得不错的利润率。

6.7 脑电研究技术

涉及案例

BrainLink 意念力头箍

● 脑机接口

脑机接口是利用传感器和集成电路等方式，让人脑与机器直接连通的方式。目前被广泛应用于医疗（多动症治疗）和军事（测谎和飞行员训练）等领域。脑机接口主要分为"嵌入式"和"非嵌入式"两大类。"嵌入式"主要是通过开颅手术等方式，将传感器和芯片植入大脑组织表面，以避免肌肉电信号干扰，检测高质量的脑电信号。同时，通过电位刺激大脑的不同部分，模拟真实的触觉、温度、听觉和视觉等感官。嵌入式脑机接口一般是行业级的应用，设备价值不菲，用于残疾人康复领域。

"非嵌入式"脑机接口主要是通过金属或配有导电胶的传感器放置人体头部，从皮肤表面提取微弱的脑电波生物电信号。相对于"嵌入式"的脑机接口，它成本较低，且更容易佩戴。目前医院用的脑电图帽和军事领域的测谎仪等都采用"非嵌入"的脑机接口。

● 脑电反馈

脑电反馈是生物电反馈的一种。其原理是借助脑电反馈技术，将脑电波信号转化为声光电等多媒体表现手法，实时反馈给使用者。使用者通过主动，或有干预下的自身调节大脑状态，改变其脑电波频率，进行与多媒体内容的互动，实现实时的"意念"交互。

传统意义上脑电反馈作为一种干预治疗的手段，普遍应用于儿童多动症的临床治疗上。相对于药物的治疗，更加自然和无副作用，因此被许多欧美国家所接受。而一些运动员

（如高尔夫、射箭、射击和体操等）和军队（飞行员和狙击手）的训练也采用了脑电反馈的训练方式，提升人在高压紧张的情况下的表现水平。由于成本和用户体验的不足，脑电反馈技术目前还难以在家庭场景内得到普及。

● 民用级的脑机接口

近 10 年，随着微机电、半导体和传感器技术发展，脑机接口技术变得更加小型化，成本也降低，使得脑机接口技术可以在大众消费市场推广。一些成本更低、佩戴更为便利、传感探头更小的脑电波头箍开始出现在市面上。

就与当年的技术革新打开个人电脑浪潮的情形一样，脑机接口技术已经具备了走出实验室和医疗机构，进入到千家万户的机会。脑机接口将成为继多点触控和体感交互之后的又一个人机交互的信息技术的革命。然而，任何一种革命性的技术都不可能一夜之间爆发，也不是一个单一的企业或个体能够将其引爆的。如何让大众看见价值，形成行业生态链，时间和机遇等都是让这一行业形成长久持续性发展的主要因素。

6.8 建模与仿真技术

涉及案例

六足章鱼机器人
Perception Neuron 动作捕捉系统
G-magic 虚拟现实交互系统

利用计算机辅助设计，设计了总体结构及细节。建立了全数字模型并进行可行性原理模拟仿真。对传动结

构、运动方式、应用场景等进行了三维动画精细模拟仿真。

随着设计技术的发展，虚拟设计对传统设计方法的革命性影响已经逐渐显现出来。该设计理念是基于相应的高性能计算环境，构建产品虚拟设计平台，并通过建模与仿真软件对系统性能进行计算评估，进而优化系统体系结构，最终达到提高系统设计质量和效率的目的。在这个体系中，高性能计算环境是基石，虚拟样机平台是框架，而建模与仿真技术则是核心。

从目前的发展状态看，虚拟设计中硬件平台（高性能计算、虚拟样机平台）基本发展到成熟阶段，并在工程设计中取得了较好的应用效果；同时，作为虚拟设计核心的建模与仿真技术也在高速的发展中，各学科仿真软件也得到广泛应用。但是，对复杂系统而言，目前国内外并行仿真由于缺少高效统一的组件化建模理论的指导，存在开发门槛高、开发效率低、二次建模困难，且模型间的耦合度大、协调难，模型与仿真平台紧密绑定等问题，从而使得其难以适应未来复杂工程系统仿真发展的需要。

虚拟设计涉及许多关键技术与相关研究领域，如建模/仿真技术、模型校验、验证和确认技术、协同仿真技术、产品建模技术和支撑平台/框架技术等。

虚拟设计的最终目标是取代物理样机，让系统设计、分析及优化都可在计算机上完成，同时通过虚拟现实环境直观地为设计人员反映系统的演化历程。

6.9 可穿戴技术

涉及案例　咕咚智能手环

　　可穿戴技术主要探索和创造能直接穿在身上，或是整合进用户衣服、配件的设备的科学技术。

　　可穿戴技术是 20 世纪 60 年代，美国麻省理工学院媒体实验室提出的创新技术，利用该技术可以把多媒体、传感器和无线通信等技术嵌入人们的衣着中，可支持手势和眼动操作等多种交互方式。

　　可穿戴健康设备是随着可穿戴设备的产生发展而逐渐衍生出来的可穿戴设备的又一分支。20 世纪 60 年代以来，可穿戴式设备逐渐兴起。到了 70 年代，发明家 Alan Lewis 打造的配有数码相机功能的可穿戴式计算机能预测赌场轮盘的结果。1977 年，Smith-Kettlewell 研究所视觉科学院的 C.C. Colin 为盲人做了一款背心，它把头戴式摄像头获得的图像通过背心上的网格转换成触觉意象，让盲人也能"看"得见，从广义上来讲，这可以算是世界上第一款可穿戴健康设备。

　　相关专家认为，健康领域才是可穿戴设备应该优先发展且具有最优前途的领域，可穿戴健康设备本质是对于人体健康的干预和改善。可穿戴设备也正从"信息收集"向"直接干预"发展。可穿戴健康设备可以对城市人群的各种常见病给予辅助治疗，例如：随时随地给颈椎做个放松按摩，直接干预脑电波助人睡眠。

　　佩戴舒适，甚至无感是可穿戴健康设备的发展方向。想做到完全无感，对现在的可穿戴健康设备来说还是天方夜谭。但是尽量做到轻便小巧，则是所有企业的努力方向。可穿戴健康设备和专业医疗设备相比，虽然效果不及专业设备，但其优势就在于可以方便、随时随地对身体进行保健治疗，对于预防、缓解疾病有很大优势。

6.10 虚拟现实与增强现实技术

涉及案例　流动数字博物馆
G-magic 虚拟现实交互系统

　　增强现实（Augmented Reality，简称 AR）简单来说是通过电脑技术，将虚拟的信息应用到真实世界，真实的环境和虚拟的物体实时地叠加到同一个画面或空间同时存在。增强现实提供了在一般情况下，不同于人类可以感知的信息。它不仅展现了真实世界的信息，而且将虚拟的信息同时显示出来，两种信息相互补充、叠加。

　　虚拟现实（Virtual Reality，简称VR），其具体内涵是：综合利用计算机图形系统和各种现实及控制等接口设备，在计算机上生成的可交互的三维环境中提供沉浸感觉的技术。其中，计算机生成的、可交互的三维环境成为虚拟环境（Virtual Environment，简称 VE）。虚拟现实技术实现的载体是虚拟现实仿真平台（Virtual Reality Platform，简称 VRP）。

　　相对于传统的计算机辅助设计工具存在的使用复杂、交互效率低、花费时间长等不足，虚拟 / 增强现实技术给产品创新设计带来了全新的交互方式，可以极大提高产品的设计效率，从而缩短产品的上市周期。

随着虚拟现实和增强现实技术的发展，各种支持交互的硬件（头盔、位置跟踪器、力反馈）的性价比在不断提高，并且呈现出轻量化、小型化和可穿戴的趋势，脑机接口技术也在不断发展，软件算法处理速度不断加快。该项技术研究重点内容有：

● 支持产品概念设计

（1）多通道自然交互感知的产品概念模型设计技术。

（2）面向个性化用户体验的混合现实产品性能评估技术。

● 支持产品详细设计

（1）以 VR 为交互界面的新型 CAD 系统。

（2）以 MR/AR 为交互界面的新型 CAD 系统。

● 支持产品性能分析

（1）多学科集成仿真的快速评估技术（元模型）。

（2）可维修性虚拟设计。

（3）面向装配过程的虚拟设计。

● 产品设计过程辅助技术

（1）高度交互性和友好的设计界面技术。

（2）支持基于 VR 技术的设计方案评审过程信息跟踪和管理。

（3）基于 AR 的产品远程协同服务系统。

3D 打印技术

涉及案例　盈创 3D 打印建筑

　　增材制造技术（Additive Manufacturing，俗称 "3D 打印" 制造技术），具有柔性、低成本、短流程、快速制造任意复杂 / 超复杂构件或结构系统的独特能力，将改变传统生产制造模式，对未来高性能构件制造技术带来变革性影响。例如：增材制造技术不仅可以实现复杂 / 超常复杂构件及结构、大型 / 超大型复杂整体构件及结构、大批量个性化定制产品等的短流程、低成本数字化制造，而且零件结构或装备结构的复杂性将不再受制造技术的限制，设计师们无限的设计创造力将得到彻底地解放。

　　增材制造技术将高性能材料制备与复杂零件成形的数字化有机融合，其在零件制造过程中实现高性能 / 新材料数字化制备（合成、制备和复合）的独特能力，将对未来高性能材料技术带来不可估量的变革性影响。个人认为，这种能力将是增材制造技术最大的优势和未来发展潜力最大的方向：采用增材制造技术，可以灵活实现非平衡高性能材料、高活性难熔难加工材料、梯度组织 / 成分高性能材料、多种类多尺度复合高性能材料、超常结构和功能新材料的制备及其复杂 / 超复杂结构系统的材料制备和结构制造一体化。例如，在零件制造过程中灵活实现多种材料在宏观、微观、纳观甚至原子尺度上的任意复合和内部结构任意控制，通过多层次智能化材料复合，将创造出 "负膨胀系数" "负泊松比" 等全新类型的高性能 / 超常性能或反常性能的 "超级复合材料" 结构，从而赋予构件以特殊性能。又如，飞机、航空发动机等重大装备关键金属结构件的制造，将直接以几十种金属、非金属元素粉末或元素气体为原料，在高能束原位超常冶金增材制造过程中完成材料的合金化、灵活制备出种类无穷、具有各种非平衡亚稳特殊结构的合金新材料并同步制造出优异性能的复杂构件或复杂结构系统，制造流程超短，能源消耗低，将不再产生环境污染和原材料浪费。

3D打印技术已从原型制作发展为高性能终端零部件的直接制造。

在快速原型制造技术方面，3D打印技术形成了相对完整的集装备、材料、软件、服务于一体的产业链，并形成了一定的产业规模和市场销售，3D打印装备向产品化、系列化和专业化方向发展。

6.12 医疗影像技术

涉及案例　联影高性能医疗设备

医学影像技术是指为了医疗或医学研究，通过X光成像等现代成像技术对人体或人体某部分，以非侵入方式取得内部组织影像的技术与处理过程，是一种逆问题的推论演算，即成因（活体组织的特性）是经由结果（观测影像信号）反推而来。

现代医学影像技术主要包括传统X线摄影、数字X线摄影、计算机断层扫描、磁共振成像、数字减影血管造影、图像显示与记录、图像处理与计算机辅助诊断、图像存档与通信系统、医学影像质量管理与成像防护、医学影像技术的临床应用等。

● X 线摄影

利用 X 光，人们能够看到身体内部的许多组织结构，发现骨骼的意外损伤和嵌入身体的金属弹片，从而可以帮助医生诊断疾病。X 光有着巨大的实用价值，X 光技术出现后迅速地普及至世界各地，有力地推进了医学进步。伦琴发现 X 射线后仅仅几个月时间内，它就被应用于医学影像。

● 计算机断层扫描

计算机断层扫描成像（Computed Tomography，CT）是一种利用数字几何处理后重建的三维放射线医学影像。该技术主要通过单一轴面的 X 射线旋转照射人体，由于不同生物组织对 X 射线的吸收力不同，可以用电脑的三维技术重建出断层面影像，经由窗值、窗位处理，可以得到相对的灰阶影像，如果将影像用电脑软件堆积，即可形成立体影像。

● 磁共振成像

磁共振成像（Magnetic Resonance Imagine，MRI）的原理为利用人体内固有的原子核，在外加磁场作用下产生共振现象，吸收能量并释放 MR 信号，将其采集并作为成像源，经计算机处理，形成人体 MR 图像。

6.13 人机交互技术

涉及案例　G-magic 虚拟现实交互系统

人机交互技术是指通过计算机输入、输出设备，以有效的方式实现人与计算机对话的技术。现有的人机交互技

术包括机器通过输出或显示设备给人提供大量有关信息及提示、请示，人通过输入设备给机器输入有关信息，进行回答。人机交互技术是计算机用户界面设计中的重要内容之一。它与认知学、人机工程学、心理学等学科领域有密切的联系。

人机交互的发展趋势：

·集成化。人机交互将呈现出多样化、多通道交互的特点。语音、手势、表情、眼动、唇动、头动以及肢体姿势等交互手段将集成在一起，是新一代自然、高效的交互技术的发展方向。

·网络化。新一代的人机交互技术需要考虑在不同设备、不同网络、不同平台之间的无缝切换和延伸，支持用户随时随地利用多种简单的自然方式进行人机交互，而且包括支持多个用户之间以协作的方式进行交互。

·智能化。在人机交互中，使计算机更好地自动捕捉人的姿态、手势、语音和上下文等信息，了解人的意图，并做出合适的反馈或动作，提高交互活动的自然性和高效性，使人－机之间的交互像人－人交互一样自然、方便，是计算机科学家正在积极探索的新一代交互技术的重要内容。

·标准化。从降低产品成本，提升设备的兼容性和可扩张性能等角度，人机交互标准的设定是一项长期而艰巨的任务，并随着社会需求的变化而不断变化。